Weiterführend empfehlen wir:

Du gehst mir auf den Geist
ISBN 978-3-8029-3981-5

Keiner versteht mich
ISBN 978-3-8029-3982-2

Chef-Checkliste Mitarbeiterführung
ISBN 978-3-8029-3372-1

Reden ohne Lampenfieber
ISBN 978-3-8029-3976-1

Geschickt kontern – nie mehr sprachlos
ISBN 978-3-8029-3989-1

Die unsichtbare Macht der Worte
ISBN 978-3-8029-3979-2

Musterreaktionen auf mündliche Angriffe
ISBN 978-3-8029-3980-0

Praxiskurs Projektmanagement
ISBN 978-3-8029-3908-2

Weitere Titel unter: www.WALHALLA.de

Wir freuen uns über Ihr Interesse an diesem Buch. Gerne stellen wir Ihnen zusätzliche Informationen zu diesem Programmsegment zur Verfügung.

Bitte sprechen Sie uns an:

E-Mail: WALHALLA@WALHALLA.de
http://www.WALHALLA.de

Walhalla Fachverlag · Haus an der Eisernen Brücke · 93042 Regensburg
Telefon (09 41) 56 84-0 · Telefax (09 41) 56 84-1 11

Fred Maro

Mitarbeiter sind

so verletzlich

Bessere Kommunikation in der Firma

Die entscheidenden Minuten für Führungskräfte

3. Auflage

Bibliografische Information der Deutschen Nationalbibliothek
Die Deutsche Nationalbibliothek verzeichnet diese Publikation in der Deutschen Nationalbibliografie; detaillierte bibliografische Daten sind im Internet über http://dnb.d-nb.de abrufbar.

Zitiervorschlag:
Fred Maro, Mitarbeiter sind so verletzlich
Walhalla Fachverlag, Regensburg 2012

2. Auflage

Produktion: Walhalla Fachverlag, 93042 Regensburg
Umschlaggestaltung: grubergrafik, Augsburg
Druck und Bindung: Westermann Druck Zwickau GmbH
Printed in Germany
ISBN 978-3-8029-3972-3

Inhalt

Warum ich dieses Buch schreibe

Wenn ich nach meinem Beruf gefragt werde, dann sage ich immer: „Ich bin Feuerwehrmann." Die nun folgenden Blicke und Bemerkungen sind oft recht unterhaltsam. Würde ich meine Tätigkeit realistischer beschreiben, so würde ich immer die gleichen Reaktionen erleben: „Oh, da wären Sie bei uns gerade richtig!" oder „Da weiß ich einen erstklassigen Kunden für Sie – meinen Chef."

Dabei bin ich wirklich so etwas wie ein Feuerwehrmann: ein Feuerwehrmann für Kommunikations- und Motivationsprobleme. In vielen Fällen unterstützen meine Mitarbeiter und ich kluge und vorausschauende Führungskräfte bei Vorbeugungsmaßnahmen und kleineren Reparaturen. Nicht selten erreichen mich abends Hilferufe per Telefon, in Form von versteckten Bitten nach einem vertraulichen Gespräch außerhalb der Firma oder als Einladung zu „einer Tasse Bier" nach einem meiner Vorträge. Fast immer geht es dabei um Lösch- und Reparaturarbeiten bei Bränden. Allerdings brennen keine wirklichen Feuer. Das Kokeln und Brennen findet in Form von massiven Signalen der Arbeitsunlust, von einbrechenden Verkaufszahlen, von inneren Kündigungen ganzer Abteilungen oder von Fällen massiven Mobbings statt.

Die mich kontaktierenden Manager kostet es meist große Überwindung, um Unterstützung zu bitten und zuzugeben, dass sie mit ihrem Latein am Ende sind.

Seltsam! Keinem von ihnen fiele es ein, ohne gute Kenntnisse ihr Fernsehgerät selbstständig zu reparieren oder eigenhändig am eitrigen Zahn des Sohnes herumzudoktern. Sie würden umgehend einen Spezialisten anrufen und wären zu jeder Kooperation bereit, wenn nur der Schaden rasch behoben würde. Wenn es jedoch darum geht, (oft massive) Störungen im Kommunikations- und Kulturgefüge eines Unternehmens oder eines Arbeitsbereiches zu reparieren, wird oft viel zu lange versucht, den Brandgeruch zu ignorieren und das immer stärker spürbare Feuer mit Kaffeetassen voll Wasser einzudämmen. Hier traut man sich ohne weitere Überlegungen Reparaturen selber zu. Schließlich kommuniziert man ja selbst einwandfrei! Die Fehler machen die anderen, oder?

Da es wesentlich mehr „glimmende Feuernester" und „offene Brände" gibt, als meine Mitarbeiter und ich löschen können, habe ich mich entschlossen, dieses Buch zu schreiben. Es gibt Ihnen eine Vielzahl von erprobten Tipps und Tricks und zeigt Ihnen alltägliche Beispiele aus meiner beruflichen Praxis zum Vergleich mit Ihrer Situation auf. So haben Sie die Möglichkeit, Ihre eigene Situation einzustufen und abzugleichen.

Im Gegensatz zu Urhebern mancher Fachbücher zum Thema Motivation stehe ich selbst noch täglich direkt „an der Front" und arbeite mit „zermotivierten" Menschen, oft unter erheblichem Zeitdruck und mit der drohenden Keule der kreditgebenden Banken im Rücken.

Dabei geht es dann vor allem darum, erst einmal rasch einigermaßen funktionierende Zustände wieder herzustellen. Anschließend kümmere ich mich mit meinen Mitarbeitern intensiv darum, Ursachen und Anlässe für vorgefundene Missstände herauszufinden. Danach erst beginnen die eigentlichen Reparaturarbeiten. Auf diese Arbeiten aufbauend erwartet alle (!) im Unternehmen die ungewohnte und langwierige Zeit, in der neue Verhaltens-, Denk- und Verfahrensweisen im Alltag etabliert und gepflegt werden müssen.

„Heißlufttheorien", „Zaubertricks der Mitarbeitermotivation" oder Empfehlungen, die Sie erst einmal monatelang testen müssen, bevor Sie an einen Einsatz denken können, werden Sie in diesem Buch nicht finden. Statt dessen praxisgerechte Werkzeuge, die auch Ihnen helfen werden, erfolgreiche eigene Reparatur- und Vorbeugearbeiten in Sachen Motivation und Unternehmenskultur einleiten zu können.

Mitarbeiter in – von Demagogen emotionell hochgeschaukelten – Tagungen gemeinsam Kampflieder singen oder über Feuer laufen zu lassen, hat mit Motivation wenig zu tun. Auch wenn diese „Trainer" behaupten, Tausenden von Menschen geholfen zu haben. Wahrscheinlich haben sie dies auch – für einen Abend oder ein Wochenende. Denn dann haben die Teilnehmer vor lauter Schmerzen beim Feuerlaufen oder vor lauter taumeliger Glückseligkeit beim Kampfrufschreien vergessen, dass ihr Stuhl wackelt, wenn die Ergebnisse des nächsten Quartals wieder nicht stimmen. Diese Art Berater und Wunderdoktoren generieren äußerst flüchtige Euphorieeffekte. Danach verlassen sie das Unternehmen des Kunden so rasch wie möglich („man ist ja so viel gebucht"), um nicht mit der zurückkehrenden Realität des Alltags konfrontiert zu werden.

Motivation ist ein sehr schwammiger Begriff für eine sehr stark emotionell geprägte Einstellung zum Leben. Schäden treten selten schlagartig auf – das wären reine Trotzreaktionen. Deshalb werden Sie hier Werkzeuge finden, um Kommunikationskultur und Motivation im Unternehmen nicht nur zu überprüfen, sondern auch, um Schäden nicht größer werden zu lassen oder kleinere Reparaturen vorzunehmen.

In diesem Buch aber werde ich auch Mut machen, sich rechtzeitig an professionelle und gute Berater und Helfer zu wenden. Wie Sie beurteilen können, ob ein Helfer wirklich etwas von der Sache versteht? Auch das werden Sie auf den nachfolgenden Seiten erfahren!

Sie merken schon: Im Gegensatz zu zahlreichen anderen Büchern auf dem Markt versuche ich hier, mich auf das tatsächliche Leben mit all seinen Tücken und Chancen zu konzentrieren. Theoretische Ansätze, psychologische Hintergründe und ethische Diskussionen bleiben weitgehend außer acht. Dies überlasse ich gerne anderen.

Der Grund für diese Vorgehensweise ist einfach zu erklären: In den meisten Fällen haben Sie, liebe Leserin und lieber Leser, zu Beginn Ihrer „Amtszeit" erst einmal wenig Chancen, in Ihrem Unternehmen ad hoc große Änderungen vorzunehmen. Entweder Sie sind als Vorstand, Geschäftsführer oder als „Häuptling" in anderer Funktion angetreten und müssen mit den Altlasten Ihrer Vorgänger kämpfen; oder Sie befinden sich in einer Managementebene, in der Sie selbst (scheinbar) wenig bewegen können und dazu noch dem Druck aus übergeordneten Ebenen ausgesetzt sind. Motivierte und engagierte Mitarbeiter sind jedoch das Ergebnis einer über lange Zeit entwickelten, immer wieder überprüften und gepflegten Kommunikationskultur.

Ein eventuell gestörtes inneres Engagement aller Mitarbeiter kann nur durch dauerhaften und glaubwürdigen Wechsel der Unternehmens- und Kommunikationskultur wiederhergestellt werden, Theorie allein genügt nicht. Dem Zeitbedarf steht leider der Erfolgsdruck entgegen, dem alle im Unternehmen ausgesetzt sind. Aktionäre, Banken und andere Anteilseigner haben normalerweise wenig Verständnis für Veränderungen in der Unternehmenskultur, die zwar langfristig sicheren Erfolg garantieren mögen, kurzfristig aber eher kontraproduktiv wirken.

Warum spreche ich nicht von „Demotivation", sondern von „Zermotivierung"? Ganz einfach: Viele Handlungsweisen stellen eine Vorstufe zum Endzustand Demotivation dar. Sie

„zermotivieren" also positive Einstellungen, Energien, Synergien und all das, was ein Team erfolgreich sein lässt.

Ich werde hier auch vom krassen, aber normalen Alltag sprechen: Von der Brachialgewalt mobbingähnlicher Verhaltensweisen oder von den – oft noch mehr schmerzenden – permanenten kleinen Zerstörungen, die Führungs- und Kommunikationsfehler bei Mitarbeitern hinsichtlich deren Engagement und ihrer Motivation anrichten.

Sie wollen Werkzeuge, um Begeisterung und Engagement Ihrer Mitarbeiter zu fördern und hochzuhalten? Ok! Dann müssen wir uns aber auch intensiv mit allgegenwärtigen Fehlern beschäftigen, mit denen genau das Gegenteil erreicht wird. Nur wenn Sie wirklich gewillt und imstande sind, Ihr Unternehmen (Ihren Arbeitsbereich) nach diesen Fehlern zu durchsuchen, können Sie entsprechend gegensteuern.

Auch dazu werden Sie in diesem Buch Hilfestellung erhalten.

Ihr
Fred Maro

An wen richtet sich dieses Buch?

- An alle Menschen, die Kollegen und Mitarbeiter motivieren sollen und die sich dabei fragen: „Und wer motiviert mich?"
- An alle Führungskräfte oberster Ebenen, die zwar mit der Motivierung ihrer Mitarbeiter meistens persönlich wenig zu tun haben, die jedoch durch ihr Verhalten entscheidende Impulse hinsichtlich der Ethik und der Kommunikationskultur ihres Unternehmens geben.
- An alle Führungskräfte, die immer noch glauben, dass zur Mitarbeitermotivation eindrucksvolle Unternehmensleitlinien, joviales Schulterklopfen, monatliche „Rennlisten", gemeinsames „We are the champions" singen und mit 10 von 5000 Mitarbeitern nach New York zu fliegen, ausreichen.
- An alle Führungskräfte, die sich fragen, warum manche ihrer Mitarbeiter mit viel Engagement arbeiten und andere nicht – obwohl alle weitgehend gleiche Arbeitsbedingungen haben.
- An alle Führungskräfte, die – nach schwachen Ertragszahlen existenziell mit dem Rücken zur Wand stehend – verzweifelt nach wirkungsvollen und rasch umzusetzenden Motivationshilfen suchen.
- An alle Führungskräfte, welche den Willen, die Möglich-

keit, die Energie und das Durchhaltevermögen besitzen, mit Hilfe ihrer Mitarbeiter eine wirtschaftlich sehr erfolgreiche Insel der Motivierten zu bauen.

- An alle angehenden Führungskräfte, die meist bei der Lösung vieler, in diesem Buch angesprochenen Themen ziemlich allein gelassen werden und, die deshalb einfach das nachmachen, was ihnen bisher widerfahren ist.
- An alle Mitarbeiter, die sich mit dem Gedanken tragen, demnächst Führungskraft zu werden und dann alles besser zu machen.
- An alle Mitarbeiter, die Mittel und Wege suchen, sich selbst und das Team, in dem sie tätig sind, bei Laune und Arbeitslust zu halten.
- An alle, die das Wort „Motivation" langsam nicht mehr hören können!

Dank

Dieses Buch zu schreiben wäre ohne bewusste – oder unbewusste – Hilfe von Freunden nicht möglich gewesen. Einige von ihnen gaben ideale Beispiele für optimale Führungskommunikation. Andere generierten für mich die stressfreie Umgebung, in der ich in Ruhe schreiben konnte. Erlauben Sie mir deshalb, mich bei diesen Personen zu bedanken:

- Andrea Lucas für ihre Geduld, ihre mentale und fachliche Unterstützung sowie für ihre Hilfe bei den Recherchen zu diesem Buch.
- Michael Maas für sein Querdenken und Inspirieren.

Anmerkung

Ich spreche in diesem Buch immer von „dem Manager" oder „dem Mitarbeiter" und nicht vor „der Managerin" oder „der Mitarbeiterin". Dies hat nichts mit verstecktem Chauvinismus zu tun. Es bedeutet auch nicht, dass Damen mehr oder weniger Führungsfehler begehen als ihre männlichen Kollegen. Meine Erfahrung zeigt allerdings, dass man ihnen Führungsfehler rascher ankreidet als Männern. Dies ist unfair und entspringt weitgehend dem von uns im Alltag gelebten sozialen „Miteinander". Ich bleibe bewusst bei den männlichen Bezeichnungen, denn es erleichtert mir schlicht das Schreiben und vereinfacht die Sätze.

Außerdem sind sprachliche Verrenkungen wenig sinnvoll. Es gibt Menschen, die ein angeblich hohes sprachliches Niveau einzig dazu pflegen, um im Nachhinein nicht auf ihre Statements festgenagelt werden zu können.

Mir ist die Gefahr, aneinander vorbeizureden, viel zu groß. Ich habe den Wunsch, dass alles, was ich Ihnen in diesem Buch empfehle, von Ihnen ohne große Veränderungen eingesetzt und angewandt werden kann. Denn Sie haben in Ihrem harten Alltag zu wenig Zeit, um Theorie auf Praxistauglichkeit abzuklopfen und mit Schreibtischideen Ihre Karriere und das Wohlergehen Ihres Unternehmens zu gefährden. Sie werden also vielfach Klartext lesen.

Ohne Grundlagen
geht es nicht

Bevor ich mich daran machte, ein Buch zum Thema „Motivation" zu schreiben, recherchierte ich zusammen mit Freunden, was derzeit zu diesem Thema auf dem Buchmarkt zu finden ist. Ich habe es vorher schon angemerkt: Es sind Unmengen von Büchern. Viele davon sind von Menschen geschrieben, die selbst mit dem Problem in ihrer täglichen Arbeit selten oder nie konfrontiert sind. Dadurch sind viele Bücher nichts anderes als niedergeschriebene Theorien und gehörte, abgeschriebene oder zusammengelesene Weisheiten. Erprobte, praxisgerechte Methoden und rasch einsetzbare Werkzeuge werden selten aufgezeigt, wobei wie immer wenige Ausnahmen diese Regel bestätigen.

Es gibt allerdings auch eine ganze Reihe von Büchern, die sich den wichtigsten Aspekten zum Thema „Motivation" widmen: *Unternehmenskultur, Ethik, Führungskommunikation* und *Selbstmotivation*. Diese Aspekte sind nicht so einfach mit dem Einsatz erprobter Werkzeuge in den Griff zu bekommen. Einige renommierte und praxiserprobte Autoren setzen sich damit auseinander, jedoch schaffen es auch sie kaum, zu dem komplexen Themenbereich schriftlich wirklich brauchbare Hilfestellung zu geben. Wenn es schon hoch spezialisierte Fachleute wie Rupert Lay und Tom Peters oder der von mir wegen seines Buches „Mythos Motivation" geschätzte Reinhard K. Sprenger nicht schaffen, dann werde ich gar nicht erst versuchen, das Ganze von der theoretischen Seite her anzugehen. Natürlich geht es nicht ganz ohne! Auch ich werde in diesem Buch immer wieder auf diese Aspekte eingehen müssen. Trotzdem: Bitte machen Sie sich klar, dass dauerhafte Motivation aller involvierten Menschen nur in Lebensbereichen mit guter Unternehmens- und Führungskultur, sowie mit hohen ethischen Ansprüchen zu realisieren ist. Dabei haben die Begriffe Ethik und Unternehmenskultur nichts mit Bildung und Intelligenz zu tun. Australische Ureinwohner oder Stämme im Amazonasgebiet sind uns „kultivierten Menschen" in ethischer Hinsicht in vielen Punkten haushoch überlegen! Das trifft übrigens auf unternehmerische Tätigkeiten dort ebenso zu, wie auf persönliche Beziehungen anderer Art.

Selbst wenn Sie und ich einen Großteil der vorhandenen Literatur zum Thema Unternehmenskultur gemeinsam gelesen hätten: Wir würden es kaum vermeiden können, in diesem Punkt des Öfteren aneinander vorbeizureden. Deshalb hier gleich **MEINE** simple Definition eines Ortes, in dem optimale Unternehmenskultur gepflegt wird:

Dies ist ein Ort, in dem ethisch einwandfreie Handlungsweisen selbstverständlich sind, den man immer wieder gern betritt und sich jeden Morgen freut, innerhalb eines Teams von Gleichgesinnten an gemeinsamen definierten Zielen weiterarbeiten zu können.

In diesem Unternehmen fühlt man sich sicher, weil …
… hier offen und ehrlich kommuniziert wird,
… weil hier der Respekt vor dem Individuum Mensch allezeit hochgehalten wird,
… weil man die individuellen Stärken und Schwächen jedes Einzelnen berücksichtigt,
… und weil man generell bereit ist, unterschiedliche Ansichten zu überprüfen und zu berücksichtigen.

Dass ein Unternehmen in dieser Perfektion Vision bleiben wird, ist sehr wahrscheinlich! Abgesehen davon merken Sie schon: Ich ziehe mich dabei auf Faktoren zurück, die weitgehend nur emotional zu erfassen sind.

Als „Feuerwehrmann" zum Thema Motivation **MUSS** ich die meisten Dinge vereinfachen, um möglichst rasch von meinen Klienten verstanden zu werden. Dies hat sich in der alltäglichen Praxis sehr bewährt.

Dass ich daneben möglichst viel über dieses Thema lese und sehr gerne und lange mit erfahrenen Managern über Motivation und Führungsethik diskutiere, steht außer Frage.

Wozu überhaupt dieses Theater um die Motivation?

(1) „Wozu das Ganze? Die Leute sollen arbeiten – und zwar mehr als jetzt. Sie werden dafür gut bezahlt!"

(2) „Ich bezahle einen Mitarbeiter, damit er mir 100 Prozent Leistung bringt. Wenn ich ihn dazu erst noch groß motivieren muss, so habe ich den falschen Mann eingestellt und schmeiße ihn raus!"

(3) „Ich bin doch kein Pausenclown! Für seine Motivation ist jeder selbst zuständig."

(4) „Motivation? Money is motivation! We are in the money making business. So we are motivated!"

(5) „Das ist doch alles Quatsch! Bei uns ist jeder motiviert – auch ohne dass wir viel darüber reden!"

(6) „Stop talking about motivation! Do your job!"

⑦ „Ich verlange von meinen Mitarbeitern, dass sie ihre Arbeit motiviert und engagiert leisten!"

⑧ „Wir sollen solide arbeiten, immer wieder Neues austüfteln, mehr produzieren und immer neue Ziele erfüllen. Jetzt soll ich mich auch noch dauernd um die Motivation meiner Angestellten kümmern. Wer motiviert eigentlich mich?"

Der letzte Satz wird uns einige Seiten weiter beschäftigen.
Alle vorgenannten Aussagen stammen von Führungskräften höherer und höchster Ebenen, mit denen ich in den letzten zwölf Monaten zu tun hatte.
Ganz schön gruselig, nicht wahr? Aber wer je einmal etwas vom Peter-Prinzip gehört hat, wird so manche der Aussagen verstehen. Gott sei Dank gibt es genügend Ausnahmen!

Gehen wir doch einige Statements zusammen durch:

① *„Wozu das Ganze? Die Leute sollen arbeiten – und zwar mehr als jetzt. Sie werden dafür gut bezahlt!"*
Stimmt!
Aber – Leistung gegen Leistung. Möchte ich als Unternehmer oder Vorgesetzter mehr Leistung als vereinbart, so muss ich auch mehr dafür bieten. Mehr Geld oder die berüchtigte Reise nach New York sind nur bedingt tauglich.
Gäbe es reichlich Arbeitsplätze, so würden dem Urheber dieser Aussage bald die Mitarbeiter davonlaufen.
Er verdankt also das bisherige Funktionieren seiner Einstellung weitgehend der hohen Arbeitslosigkeit.

② *„Ich bezahle einen Mitarbeiter, damit er mir 100 Prozent Leistung bringt. Wenn ich ihn dazu erst noch groß motivieren muss, so habe ich den falschen Mann eingestellt und schmeiße ihn raus!"*

Stimmt ebenfalls!

Aber – was bitte sind 100 Prozent? Die meisten Tätigkeiten in Unternehmen sind eben nicht in Stückzahlen oder produzierten Metern evaluierbar.

Die „gute alte Akkordarbeit" ließ solche Maßstäbe noch zu. Hier musste man sich mehr Sorgen machen, ob der Mensch das Tempo der Maschine gesundheitlich mithalten konnte, ob die Pausen stimmten, und ob die Stühle überhaupt ein stundenlanges Sitzen zuließen.

Abgesehen davon, dass diese Aspekte immer noch eine wichtige Rolle spielen, sind zahlreiche Belastungen heute mehr auf dem kognitiven Feld zu finden. Nur – was bitte sind 100 Prozent Leistung in einer Marketingabteilung? Was sind 100 Prozent bei dem Leiter der Personalverwaltung? Zahlreiche Spezialisten versuchen seit Jahren, hierzu brauchbare Bewertungsmaßstäbe zu erfinden.

Wenn ich aber 100 Prozent nicht klar definieren kann, so kann ich sie auch nicht zum Maßstab meiner Anforderungen machen, auf denen zukünftige Leistungssteigerungen aufbauen sollen.

③ *„Ich bin doch kein Pausenclown! Für seine Motivation ist jeder selbst zuständig."*

Stimmt auch erst einmal nur bedingt …

Der Urheber dieser Aussage muss dringend in diverse Führungsseminare. Dann würde er seine Hauptaufgabe begreifen und sich nicht wie ein Clown vorkommen. Ungewollt hat er jedoch im zweiten Satz seines Statements nicht ganz unrecht. Dazu später mehr.

④ *„Motivation? Money is motivation! We are in the money making business. So we are motivated!"*

Dieser US-Manager setzt voraus, dass das, was ihn motiviert, auch andere anregt: Sich immer stärker in die Arbeit einzubringen. Auch auf Kosten von Privatleben und Gesundheit. Irgendwann wird er mit dieser Einstellung regelrecht auflaufen.

⑤ *„Das ist doch alles Quatsch! Bei uns ist jeder motiviert – auch ohne dass wir viel darüber reden!"*
Diese Aussage zeugt von Unkenntnis der tatsächlichen Verhältnisse in seinem Unternehmen, von Ignoranz und Überheblichkeit. Kommentar überflüssig.

⑥ *„Stop talking about motivation! Do your job!"*
Mit dieser Bemerkung, die einem Befehl gleicht, beendete eine amerikanische Führungskraft eine kleine Diskussion zwischen Vertriebsleitern.

⑦ *„Ich verlange von meinen Mitarbeitern, dass sie ihre Arbeit motiviert und engagiert leisten!"*
Motivation kann man nicht verlangen. Genauso wenig wie Liebe oder Ablehnung. Der Urheber dieser so patriarchalisch klingenden Aussage verdient einen siebenstelligen Betrag. Er hat mehrere feindliche Übernahmen von kleineren Unternehmen absolviert, deren Mitarbeiter er wenig später auf die Straße setzte. Er gilt in der Zunft der Topmanager und bei Großaktionären als „sehr erfolgreich" …

⑧ *„Wir sollen solide arbeiten, immer wieder Neues austüfteln, mehr produzieren und immer neue Ziele erfüllen. Jetzt soll ich mich auch noch dauernd um die Motivation meiner Angestellten kümmern. Wer motiviert eigentlich mich?"*
Dies ist die Klage einer Führungskraft, wie ich sie relativ häufig höre. Sie verdeutlicht zugleich die Ausgangssituation in vielen von uns betreuten Unternehmen. Hier treffen wir auf einen der Kernpunkte des Themas.

Ich glaube, dass das Wichtigste für Sie, lieber Leser ist, wieder zu lernen, mit sich selbst und mit Ihren Mitmenschen so umzugehen, dass Arbeit Spaß macht. Denn nichts anderes ist Motivation!

Damit die nachfolgenden Kapitel für Sie Sinn machen und zudem unterhaltsam sind, möchte ich folgenden Weg beschreiten: Wir beide werden uns (auf etwas ungewöhnliche Weise) den Unterschied in der Unternehmenskultur eines eingefahrenen Unternehmens und der eines modern geführten ansehen. Dann zeige ich Ihnen an einigen Beispielen, was in mir bekannten Unternehmen falsch und was richtig gemacht wird. Die schlechten Beispiele sind wertvoll! Aus den Fehlern anderer zu lernen ist mindestens ebenso wichtig wie die Adaption erfolgreicher Wege. Deshalb befasst sich dieses Buch auch eher mit den Gefahren, seine Mitarbeiter endgültig zu „zermotivieren" und nicht etwa mit überzogenen Versprechen wie: „Nur so steigern Sie die Motivation Ihrer Mitarbeiter."

Ein erheblicher Teil des Buches ist schließlich praktikablen (und vor allem erfolgreich erprobten) Tipps und Tricks zur Lösung unterschiedlicher Motivationsprobleme gewidmet.

Ganz zum Schluss werden Sie auf eine Seite mit Büchern zum Thema Motivation stoßen. Da auch auf diesem Gebiet das inzwischen altbekannte Prinzip der „kontinuierlichen Verbesserung" gilt, sollten Sie einen Besuch in der Buchhandlung nicht lange aufschieben.

Der Unterschied zwischen einem alten Rahsegler und einer modernen Rennjacht

Sie werden sich fragen, was diese Frage mit dem Thema Motivation zu tun hat. Nun, eine ganze Menge, wie Sie gleich sehen werden.

In der folgenden Betrachtung können Sie getrost die Begriffe „Rahsegler" und „Rennjacht" mit gleichartigen, jedoch unterschiedlich operierenden Unternehmen oder Abteilungen gleichsetzen.

Warum gibt es so gut wie keine alten Rahsegler mehr? (Anmerkung: „Rah" steht für die Art ihrer Besegelung, bei der die Segel an „Rahen", also auf Querstangen, am Mast befestigt wurden und zu denen die Matrosen, auch bei härtestem Wetter, hinaufklettern mussten, um sie zu setzen oder zu bergen.) Diese großen Frachtsegler waren sehr ökologisch unterwegs, verbrauchten weder Öl noch Uran, waren nicht viel langsamer als heutige motorisierte Schiffe und würden ganz gut in die heutige Logistik passen. Es gibt tatsächlich Pläne, sie in moderner Form wieder neu zu bauen. Die meisten der alten Segler gibt es trotz aller Vorteile heute nicht mehr. Sie sind schlicht und ergreifend irgendwann einmal im Sturm untergegangen oder auf ein Riff gelaufen. Wenn man die alten Unglücksprotokolle aufmerksam liest, kommt man rasch zu einer verblüffenden Erkenntnis:

Abgesehen von vereinzelten technischen Defekten waren oft schlicht Defizite in der Kommunikation und im Umgang miteinander Mitverursacher der Seenotfälle! Da gab es zum Beispiel eine Führungsmannschaft, die ihr Herrschaftswissen weitgehend für sich behielt. Dies wurde auch optisch und mithilfe verschiedener Privilegien jederzeit zum Ausdruck gebracht. Der Kapitän hatte die prächtigste Uniform und das beste Essen. Er machte sich nie die Hände schmutzig und hatte die bequemste Kabine an Bord. Auch die Offiziere sahen sich selten genötigt, persönlich Hand anzulegen. Über Fachwissen – wie die auf offener See damals wie heute komplizierte Navigation – verfügten nur wenige Mitglieder der Führungsmannschaft. Geschah irgendetwas, was diese Person(en) außer Gefecht setzte, so geriet das Schiff nicht selten in Gefahr, auf Riffe aufzulaufen oder von Strömungen an die Küste gedrängt zu werden. Da der Ton hart, die Bezahlung

Foto Rennjacht: Jacht Photo Service, Hamburg

schlecht und der Weitblick der Führenden nicht vorhanden war, reduzierten die einzelnen Mannschaftsmitglieder ihr Engagement auf die Erfüllung von Befehlen und das „Überleben" innerhalb der Mannschaftshackordnung.

Die Koordination der unterschiedlichen Mannschaftsgruppen lief prinzipiell über zwei oder drei Stationen. Der Kapitän gab seine Anordnung an einen Offizier. Dieser wiederum rief sie einem weiteren Offizier in der Schiffsmitte zu. Der gab sie schließlich an den Vormann des Teams weiter, welcher dann seinerseits die Anordnung seinen Kollegen mitteilte. Jeder, der einmal im Leben „stille Post" gespielt hat, weiß, wie viel Informationsverluste und Missverständnisse dadurch entstehen. Dies war auch der Grund, warum eine Vielzahl von „Kommandos" eingeführt wurden. Die Besatzung war aber leider meist aus Mitgliedern vieler Nationen zusammengewürfelt. So retteten auch Kommandos nicht vor den Folgen sprachlicher Probleme.

Die Mannschaft solcher Schiffe (Unternehmen) war in Gruppen mit unterschiedlichen Aufgaben und Anforderungen unterteilt. Ein Großteil der Mannschaft wurde erst kurz vor der Überfahrt angeheuert und oft während der Fahrt (nach dem Grundsatz: „Mach erst mal, dann wirst Du schon sehen") ausgebildet. Auch dabei wurde gruppenspezifisches Fachwissen an andere Gruppen nur nebenbei oder zufällig weitergegeben. Im Ernstfall hatten Mitglieder der Besatzung aus diesem Grund oft große Mühe, wenn sie plötzlich eine neue Position am Schiff einnehmen sollten, weil ein Kollege ausgefallen war. Sie hatten meist eine ganze Hin- und Rückfahrt lang bestimmte Bereiche des Schiffes nie betreten dürfen und hatten nie die Möglichkeit, bestimmte Geräte einmal selbst auszuprobieren.

Geriet nun so ein Rahsegler, zum Beispiel in Nähe einer Steilküste, in einen auflandigen Sturm, so waren rasch konkrete Gefahren gegeben. Dann mussten oft kurz hintereinander Kursänderungen vorgenommen, Segel gerefft oder gesetzt, verrutschte Ladungen gesichert und Notreparaturen vorgenommen werden. Wenn dann noch der eine oder der andere aus der Mannschaft wegen einer Verletzung ausfiel, war schnell das Chaos komplett. Erst dann, in der Notsituation, entstand, um zu überleben, so etwas wie eine Zweckgemeinschaft. Gemeinschaften diese Art funktionieren aber meist nur bei konkreten, kurzfristigen Aktionen. Um die Crew aber lernen zu lassen, was ein Team ist, das vorausschauend füreinander permanent einstehen kann, fehlte den Führenden im Unternehmen Rahsegler ganz einfach das nötige Wissen um Führungskommunikation und Motivation. So wurde befohlen und ausgeführt, ohne dass die Crew viel darüber nachdachte. Denn Nachdenken war weitgehend nicht erwünscht. Es hätte sonst passieren können, dass eine gute Idee nicht ausschließlich von den Offizieren gekommen wäre. Dies wiederum wäre dem Image dieser Privilegierten abträglich gewesen. Die Geschichte der rund um Kap Hoorn gestrandeten Segler ist reich an diesen typischen Unglücken.

Noch eine letzte, aber wichtige Anmerkung zur Motivation der Mannschaft: Lange Zeit gab es keine zusätzliche Provision, wenn der Zielort schnell erreicht wurde. Und da zugleich oft wegen des extremen Hierarchiedenkens kaum eine Chance bestand, im Rang an Bord aufzusteigen, hielt sich die Mannschaft lieber an die Tagesheuer. Je länger das Schiff unterwegs war, desto mehr Geld gab es. Der Kapitän allerdings erhielt sehr wohl eine Prämie für ein frühzeitiges Ankommen am Zielort.

Dass das Motivationsproblem auf die Dauer nur mit einer Systemänderung und nicht mit der Peitsche zu lösen war, hat man erst sehr spät begriffen.

Vergleichen wir nun diesen alten Segler (dieses alteingesessene und nach den „guten alten Regeln" geführte Unternehmen) mit einer modernen Rennjacht bzw. mit einem modern und erfolgreich geführten Unternehmen. Lassen wir einmal die Tatsache beiseite, dass moderne Rennjachten anders aussehen und eine andere – längst nicht immer bessere oder fehlerfreiere – Technik besitzen. Auch sind natürlich auf Schiffen wie der deutschen Gorch Fock inzwischen moderne Kommunikationsstrukturen übernommen worden. Befassen wir uns stattdessen mit der Besatzung einer modernen Rennjacht und deren Arbeitsweise. Uns wird zu allererst auffallen, dass wir den Kapitän richtiggehend suchen müssen. Er trägt keine Galauniform und residiert auch nicht in einer extra luxuriösen Kabine. Auch seine beiden wichtigsten Kollegen, den Steuermann und den Navigator, werden wir auf den ersten Blick vergeblich suchen. Drei der zehn Mitglieder der Bootsbesatzung müssen es sein. Aber wer? Erst auf Nachfragen geben sich Skipper (der Kapitän), Steuermann und Navigator zu erkennen. Sie haben ihre Position im Team, weil sie große Erfahrung besitzen und die ganze Mannschaft auf ihr Gespür für den richtigen Kurs hofft, welches sie zum Sieg führt.

Als derartige Hoffnungsträger ist es ihr ganzes Bestreben, dass jeder im Team möglichst viel vom Rennsegeln und von den geplanten Strategien versteht, um mitdenken und mithandeln zu können. Da ihre Erfahrung für alle an Bord sehr wichtig ist, dürfen die drei ruhig etwas mehr verdienen. Nachdem wir der Mannschaft vorgestellt wurden, wird uns auffallen, dass ein sehr lockerer, aber direkter Ton herrscht. Jedes Teammitglied kennt jede Schraube im Boot und wäre imstande, auch navigatorische Aufgaben zu übernehmen. Man würde dann vielleicht nicht mehr gewinnen, aber allemal sicher ans Ziel kommen. Da jeder im Team praktisch jede Position ohne allzu viel Nachdenken einnehmen kann, fährt das Boot auch in kritischen Situationen sicher. Und da sich Skipper, Steuermann und Navigator nicht zu schade sind, aktiv in die Manöver einzugreifen, sind sechs Hände mehr an Bord, wenn's drauf ankommt. Und alle haben ein gemeinsames Ziel: Gewinnen. Übrigens: Alle erhalten weitgehend ähnliche Prämien für eine gute Platzierung.

Der Tag,

an dem Deine Mitarbeiter

nicht mehr

mit Dir arbeiten wollen,

ist das Ende

Deiner Karriere.

Ich weiß, dass der Vergleich zwischen den beiden so ungleichen Schiffstypen etwas hinkt. In viel mehr Aspekten jedoch gleichen die Mechanismen denen von schlecht oder gut geführten Unternehmen und lassen sich sehr gut auf diese oder auf Unternehmensbereiche übertragen. Möchten Sie auf einem der alten Rahsegler arbeiten – nicht heute als Teilnehmer einer nostalgischen Urlaubswoche, sondern damals, als normales Mannschaftsmitglied? Natürlich nicht! Aber Sie arbeiten vielleicht in einem Unternehmen, das weitgehend noch nach den Spielregeln der Rahsegler geführt wird …

Warum ich Ihnen das alles erzähle? Sie sollen erkennen, dass kleine Ursachen oft verheerende Wirkung haben können. Es kommt nur darauf an, dass diese – scheinbar unwichtigen – Ursachen lange genug wirken, ohne aufzufallen oder ohne verändert zu werden. So können sie sich wie Viren rasch vergrößern und verstärken.

Wie *zermotiviere* ich meine Mitarbeiter?

Ganz einfach! Sie brauchen nur einem der nachfolgenden Beispiele zu folgen.

Aber bevor ich Ihnen anhand konkreter Beispiele ausführlicher zeige, wie Sie es nie machen dürfen, erzähle ich Ihnen von scheinbar alltäglichen Fällen zum Thema „zermotivierende Unsinnigkeiten". Lauter Kleinigkeiten, die tatsächlich so stattfinden oder stattgefunden haben. Und doch merken sich Mitarbeiter so etwas über Monate und Jahre hinweg. Diese negativen Impulse sammeln sich zu richtigen mentalen Klumpen in den Gehirnen der Betroffenen, die dann – mit immer zunehmender Geschwindigkeit – zermotivierend wirken.

„Jedes Jahr wir bei uns in den Reden der Direktoren von der großen XY-Familie gesprochen. Dass wir gemeinsam Erfolg haben werden und genießen werden. Am Jahresende bekommen unsere Direktoren etwa das Zehnfache an Prämie wie meine Kollegen und ich. Dabei wird 99 Prozent der Arbeit von uns und nicht von denen da oben geleistet."

„Unser Chef sagte Anfang Januar auf einer Besprechung: ›Wir sind für Kunden und Arbeitnehmer die absolut erste Wahl!‹ Im Februar darauf hat er dann die Firma verlassen und einen Job bei der Konkurrenz angenommen".

„Als ich gestern meinem Abteilungsleiter sagte, dass ich mein Kreuz verhoben habe und deshalb gerne für ein oder zwei Tage weniger schwer heben möchte, hat er geantwortet: ›Wenn Sie krank sind, bleiben Sie zu Hause. Wenn Sie herlaufen können, dann können Sie auch arbeiten!‹"

„Unser Chef hat für Verspätungen bei Besprechungen ein Strafgeld festgesetzt. Für jede Minute sind fünf Euro pro wartendem Teilnehmer in eine Gemeinschaftskasse zu zahlen. Kurz nachdem er neulich zu einer Besprechung mit fünfzehn Kollegen zu spät kam, wurde die Regelung wieder annulliert."

„In unserer Firma werden zwei komplett eingerichtete Büros für ehemalige Vorstände bereitgehalten, die etwa fünf Mal im Jahr für einen Tag als sogenannte Berater erscheinen. Dazwischen stehen die Büros leer. Wir aber treten uns in unseren Gemeinschaftsbüros gegenseitig auf die Füße."

„In unserem Hotel werden wir für die ersten zehn Überstunden pro Woche nicht bezahlt. Die sind im Gehalt eingeschlossen. Als ich einmal zwei Wochen krank war, teilte man mir offiziell mit, ich sei zwanzig Überstunden im Rückstand …"

„Ich bin jetzt schon drei Jahre in der Firma. In dieser Zeit habe ich unserem Geschäftsführer etwa zehn Mal die Hand geschüttelt. Jedes Mal höre ich von ihm den gleichen Satz: ›Sie kenne ich doch – wie war doch gleich Ihr Name?‹ Mich ödet das inzwischen an."

„Jedes Mal, wenn sich unser Vorstand ansagt, müssen wir alles stehen und liegen lassen. Da wird geputzt und geschrubbt, Regale werden aufgeräumt und Türschilder erneuert. Die eigene Arbeit bleibt liegen. Wenn ich das dann mal moniere, so heißt es gleich: ›Das ist Ihrer Karriere nicht förderlich!‹"

„Als ich mich neulich auf einer Betriebsversammlung persönlich bei unserem Vorstandsvorsitzenden bedanken wollte, weil er mich (als Buchhalterin) in seinem Wagen wegen des Regens zum Parkplatz hat fahren lassen, wurde ich von einem seiner Assistenten richtiggehend gestoppt und gefragt,

Die eleganteste

Art und Weise,

andere auf eigene Erfolge

aufmerksam zu machen,

ist Understatement.

Albert Einstein

was ich denn wolle. Ich habe es ihm erklärt und er hat geantwortet: ›Das geht nun wirklich nicht. Woher nehmen Sie die Annahme, dass unser Vorstandsvorsitzender das wünscht?‹ Ich würde es ja unserem Vorstand gerne schreiben – aber der Brief kommt doch wahrscheinlich genauso wenig an."

Noch einmal: Diese Aussagen sind eine winzige Auswahl von Bemerkungen, wie sie täglich bei Workshops und Seminaren an unsere Ohren dringen. Sie kennzeichnen die Stimmung in vielen Firmen, die sich wundern, warum ihre Mitarbeiter nicht genug motiviert sind, um sich immer mehr für das Unternehmen einzusetzen.

Auf den folgenden Seiten schildere ich Ihnen eine ganze Reihe von Vorkommnissen, die in meinem Arbeitsumfeld stattgefunden haben. Manche davon erscheinen unglaublich. Aber ich versichere Ihnen, dass alle absolut der Realität entsprechen. Sie werden dabei Beispiele finden, die von unternehmensweiter Zermotivierung kompletter Belegschaften zeugen. Aber auch Fälle, in denen einzelne Menschen oder kleinere Abteilungen mit wenigen Worten für lange Zeit in die innere Kündigung getrieben wurden. Vor und nach jedem Kapitel finden Sie einige Hinweise auf die wichtigsten Faktoren, die rasch und langfristig zur Zermotivierung führten.

Elf Fettnäpfchen –
und wie man sie vermeidet

1

Wie man es nicht machen sollte:

– **Nicht zuhören**
– **Nur von eigenen Erfolgen reden**
– **Alles besser wissen**

Man trifft relativ häufig auf Menschen, die in sich einfach eine ungeheure demotivierende Ausstrahlung tragen. Diese zeigt sich in vielen Signalen. Da gibt es einerseits Menschen, die – aus welchen Gründen auch immer – alles erst einmal negativ und misstrauisch betrachten. Von ihnen soll hier nicht die Rede sein. Ich meine hier die Unfähigkeit zuzuhören, die Art, mit Problemen von Kollegen und Mitarbeitern umzugehen und den Drang, (angeblich) eigene Leistungen nicht nur in den Vordergrund zu stellen, sondern sie auch zum Maß für andere zu machen.

Einer dieser Manager, die es auch nach zahlreichen Hinweisen höchstens wenige Minuten schaffen, **NICHT** zermotivierend zu sein, gehörte zu meinen Klienten. Ich betrachte ihn wirklich als einen meiner wenigen hoffnungslosen Fälle. Wie so oft, so war es auch hier schon der erste Eindruck, der sich durch spätere Erlebnisse absolut bestätigte. Zu unserem ersten Gespräch kam er nicht nur reichlich zu spät, direkt nach seiner Ankunft musste ich mir vielmehr anhören, wie ungeheuer erfolgreich er sei. Ich begann mich zu fragen, wozu ich überhaupt eingeladen worden war. Während des Gesprächs stürzte er dreimal aus dem Raum, um noch irgendetwas zu erledigen. Einige Tage später lernte ich seine Mitarbeiter kennen, aus denen erfolgreiche Key Account Verkäufer werden sollten.

Schon die ersten Nebenbemerkungen dieser Crew machten mich stutzig. Hier traf ich auf ein – an und für sich – erfolgreiches und leistungsbereites Team. Aber irgendwie erschienen sie mir alle etwas mutlos. Wir verbrachten den Tag damit, vorhandene Arbeitsprozesse zu überprüfen und uns besser kennenzulernen, um uns für die kommenden gemeinsamen Arbeiten aufeinander einzustellen. Am Abend dieses Tages traf auch besagter Manager ein und gesellte sich beim Abendessen zu uns. „Na, wie is' es?" lautete seine erste Frage an die Truppe. Und während einer der Mitarbeiter zu antworten anhob, drehte er sich plötzlich um und rief nach der Kellnerin, um etwas zu bestellen. Der Mitarbeiter hielt demonstrativ inne und versuchte weiterzusprechen, als die Kellnerin unseren Tisch wieder verließ. „Was macht eigentlich der Vertrag mit der Firma XY?", unterbrach ihn unser Manager erneut. Der Mitarbeiter sortierte, durch den Themenwechsel irritiert, seine Gedanken neu. „Das hat mich zwar viele Nerven gekostet, aber nächste Woche ist es so weit", war die schüchtern stolze Antwort. „Wird aber auch Zeit – jetzt murksen Sie schon seit Monaten an denen herum! Komisch – bei mir dauert das nie so lange. Erst gestern habe ich auf Anhieb …" Wie ein Netz legte sich plötzlich Stille über die bis dahin lockere Gesellschaft. Keinem war mehr nach großer Unterhaltung zumute. Als würde er es unterbewusst spüren, begann unser Manager mit ungelenken Versuchen, den verbalen Clown zu spielen – aber das rettete weder den Abend noch sein *Standing*.

Was ich an diesem Abend das erste Mal in diesem kleinen, aber umsatzstarken Unternehmen erlebt habe, wiederholte sich in den Folgetagen vielfach. Jeder noch so kleine, aber stolze Leistungsnachweis eines der Verkäufer wurde sofort hinweggefegt und der scheinbar verkäuferischen Genialität des Chefs gegenübergestellt. Mitarbeiter und Chef schienen auf total unterschiedlichen Kommunikationsebenen aneinander vorbeizureden, wobei dieses Übel fast immer im „Nichtzuhören" (oder im Desinteresse?) des Managers seinen Anfang nahm. Schließlich lud ich den Manager zum Essen ein, schilderte ihm beim Dessert vorsichtig die Situation, zeigte ihm sein stark demoliertes Image bei seiner Truppe auf und erklärte ihm haargenau, wo seine zermotivierenden Impulse lagen. Erst sträubte sich der gute Mann etwas. Dann aber gab er mir recht („Ich bin halt so") und versprach, sich in den nächsten Tagen aus dem Workshop weitgehend herauszuhalten. Wenn er denn schon auftauchen müsste, so würde er sich extrem kooperativ und fördernd verhalten. Allein die Tatsache, dass er sich sichtlich bemühen und vornehmen musste, sich „anders zu verhalten", zeigte mir, dass ich später einen verunglückten Schauspieler vor mir haben würde – und nicht einen Manager, der sich seiner Kommunikationsmängel bewusst war.

Der Workshop mit dem Verkaufsteam verlief ungemein konstruktiv und kreativ. Alle Teilnehmer des Teams entwickelten wunderbare, rasch umzusetzende Ideen, um unterschiedliche Probleme in den Griff zu bekommen. Darunter war zum Beispiel auch die Erkenntnis, dass die vorhandenen Standardanschreiben nicht modern genug formuliert und vorhandene Präsentationsfolien nicht aussagekräftig genug waren. Um den Verkäufern den Start bei Neukunden zu erleichtern, sollte beides Profis zur Umgestaltung übergeben werden. Dies waren nur zwei von über fünfzig in den nächsten Wochen abzuarbeitende Punkte.

In der ganzen Zeit hatte sich im Team eine ansteckende, positive Gruppendynamik entwickelt. Man konnte und wollte etwas bewegen und sich verbessern. Zusammen mit einem dazugerufenen Profi saß man unter anderem auch am Computer und gestaltete neue, aussagekräftigere Präsentationsfolien.

Am letzten Tag des Workshops wurden dem Manager die Ergebnisse der Arbeit präsentiert. Kurz vorher ermahnte ich ihn in einem Gespräch unter vier Augen, nicht wieder in das alte Fahrwasser zurückzufallen und alles als nicht nötig oder falsch zu bewerten, ohne genau hinzuhören. Unser „Zermotivationsmanager" hielt genau zehn Minuten durch. Als es zu dem – an und für sich nebensächlichen – Punkt der Umgestaltung von Folien und Anschreiben kam, platzte es aus ihm heraus: „Ich weiß gar nicht, wozu Sie sich über solche Dinge den Kopf zerbrechen. Ich brauche keine Folien, wenn ich präsentiere. Mir glauben das meine Zuhörer auch so! Wenn Sie mir versprechen, mir jede Woche drei neue, qualifizierte Kundenadressen zu bringen, bin ich schon zufrieden. Auch ohne Folien. Das müsste ja wohl drin sein!"

Dieser Satz hatte mit der Sache selbst wenig zu tun, riss aber sofort wieder gerade verschlossene Wunden auf. Das Team stand einem Menschen gegenüber, der, wohl auch durch Druck von seinen eigenen Vorgesetzten, ausschließlich in den simplen Denkweisen von Verkäufern eines Strukturvertriebes der 80er-Jahre dachte. Mit blitzschnellem Eingreifen brachte ich das resignierende Team noch einmal dazu, seine weiteren Projekte vorzustellen. Als es jedoch zu dem Punkt „Berichtswesen" kam – man wollte es stark vereinfachen, weil das bisher zu viel Zeit beanspruchte und inhaltlich überholt war –, zog unser Manager einige Papiere aus seinem Aktenkoffer und knallte sie den Teilnehmern auf den Tisch. „Meine Herren, solange Sie nicht imstande sind, mir vernünftige Umsatzprognosen zu liefern, werden wir nie auf einen grünen Zweig kommen. Da brauchen Sie sich um solche Dinge wie eine Vereinfachung der Reports gar nicht erst Gedanken zu machen. Ich erwarte von Ihnen, dass Sie in den nächsten Wochen unsere vierte Million vollmachen. Ansonsten muss ich mir andere Dinge überlegen!" Da war es wieder! Der Manager hatte überhaupt nicht zugehört. Er war mit seinen Gedanken ganz woanders und knallte seinem Team seine

Ansichten ohne Feingefühl entgegen. Außerdem hatte diese Aussage mit dem gerade abgehandelten Punkt des Teams fast nichts zu tun.

Das Team blickte erst Hilfe suchend zu mir. Dann nahm sich einer der Verkäufer ein Herz und machte den Manager darauf aufmerksam, dass die von ihm angesprochene „vierte Million" so gut wie unter Dach und Fach sei, da das Projekt XYZ kurz vor dem Vertragsabschluss stünde. „Na und?" war die Antwort seines Vorgesetzten. „Ich bin im Moment kurz vor dem Abschluss mit der Fa. ABC. Dabei geht es um mindestens 1,5 Millionen Mark." Dann blickte er Beifall heischend zu mir. „Ich werde nie begreifen, was die Jungs den ganzen Tag mit ihrer Zeit machen!" Ich konnte nur noch den Kopf schütteln. Hier demontierte wieder einmal eine Führungskraft in Sekunden jeglichen Teamgeist, jedwede Zuversicht und das Selbstvertrauen seiner Mitarbeiter. Zu bemerken bleibt noch, dass das Team darauf verzichtete, die restlichen, zum Teil sehr bemerkenswerten Arbeitsergebnisse überhaupt erst aufzuzählen. Als man schüchtern anmerkte, dass man gern mit mir weiterarbeiten würde (meine Aufgabe sollte mit dem Workshop erfüllt sein), kam der bemerkenswerte Satz: „Gerne meine Herren, aber erst einmal zeigen Sie mir, dass Sie Ihr Geld wert sind. Wie ich schon sagte, drei qualifizierte Neukunden pro Woche …"

Was lernen wir daraus?

① Hören Sie zu!!! Ich kann das gar nicht oft genug sagen!! Wenn Mitarbeiter von sich aus ihren Vorgesetzten ansprechen, geht es in den allerwenigsten Fällen um irgendwelchen Small Talk. Meistens liegt der Dame oder dem Herrn eine ganze Menge auf dem Herzen! Da werden Hoffnungen, Entschuldigungen, Stolz auf die eigene Leistung, kreative Ideen, Ängste, Zuneigung und Abneigung ausgedrückt. Wann immer ein Mitarbeiter mit Ihnen spricht: Schenken Sie ihm unbedingt Ihre ganze (!) Aufmerksamkeit! Wenn der Sprecher auch nur ein einziges Mal den Eindruck hat, dass Sie nicht bei der Sache sind, haben Sie ein weiteres Steinchen aus dem Motivationsgebäude gebrochen und damit aktive Zermotivation betrieben!

Was jedoch tun, wenn Sie nun wirklich den Kopf nicht freihaben, um Ihrem Mitarbeiter konzentriert Ihre Aufmerksamkeit zu schenken? Kein Problem! Sagen Sie es ihm einfach! Bitten Sie ihn um Verständnis, dass Sie im Moment einfach nicht die Konzentration aufbringen können, die ihm gebührt. Vereinbaren Sie unbedingt im nächsten Satz einen kurzfristigen Termin für ein Gespräch. Dass Sie auf jeden Fall voll bei der Sache sein sollten, wenn Sie sowieso mit dem Mitarbeiter in einem anberaumten Gespräch in Ihrem Büro sitzen, brauche ich wohl nicht zu erwähnen – oder doch?

② Protzen Sie nicht mit eigenen Leistungen – auch wenn Sie noch so stolz darauf sind! Der Hinweis, dass Sie selbst vielleicht (oder sogar tatsächlich) einiges besser können als Ihre Mitarbeiter, hat in Gesprächen mit diesen absolut nichts zu suchen. Freuen Sie sich zusammen mit Ihren lieben Mitarbeitern über das von Ihnen allen (!) generierte Arbeitsergebnis. Dies setzt voraus, dass Sie sich selbst weniger als Vorgesetzter, sondern als richtungweisendes Mitglied des Teams betrachten. Diese Einstellung kann ich Ihnen aber nur schwer in einem Buch vermitteln. Die eleganteste Art und Weise, andere auf seine eigenen Erfolge aufmerksam zu machen, ist Understatement. Sie können sicher sein: Ihre Mitarbeiter werden die Erfolge ihre Chefs um so mehr anerkennen, je mehr Sie diese herunterspielen.

Oftmals stehen
Mitarbeiter nur deshalb
geschlossen hinter ihrer
Führungskraft, weil diese
ihnen permanent den
Rücken zudreht!

③ Loben Sie! Erkennen Sie gute Leistungen deutlich vernehmbar an! In dem hier von mir geschilderten Beispiel schien es dem Manager nicht notwendig, Leistungen anzuerkennen. Wir alle (!) tun dies viel zu wenig. Seltsam: Uns selbst kann das Lob gar nicht deutlich genug entgegengebracht werden. Aber wenn es darum geht, Lob und Dank weiterzugeben, sind wir sehr sparsam. Wie erheblich dieses Missverhältnis ist, merken wir selbst, wenn uns Lob und Dank mehr unangenehm als angenehm sind. Wir sind einfach nicht mehr gewöhnt, Emotionen auf diese Weise zu empfangen.

Hier zwei Beispiele: Wir lassen uns vom Kellner einen Kaffee bringen. Der Muntermacher wird nicht nur rasch gebracht. Er ist auch nett mit Keksen und Schokolade dekoriert. Wir antworten – wenn überhaupt – mit einem schlichten „Danke". Warum antworten wir nicht mit „Oh, danke, das ging aber schnell – und außerdem danke für das nette Zubehör …" Ein anderes Beispiel: Wir gehen in ein Geschäft und kaufen einen Anzug und (in einer anderen Abteilung) den zur Hose gehörenden Gürtel. Der Verkäufer macht uns darauf aufmerksam, dass bei dem von uns gekauften Gürtel die Schnalle nicht in Ordnung ist. Wir reagieren meistens mit „Oh, ja – muss ich wohl umtauschen – geht das?". Warum antworten wir nicht: „Das finde ich toll, dass Sie mich darauf aufmerksam machen. Sie ersparen mir den Ärger, wenn ich es erst zu Hause entdeckt hätte. Danke!" Warum investieren wir sowenig Gefühl in unsere Äußerungen? Es ist doch nett, angenehm und zuvorkommend, wenn man sich um unser Wohlergehen Gedanken macht!

In dem von mir beschriebenen Unternehmen haben sich Mitarbeiter intensiv bis weit in die Abendstunden hinein mit dem Lösen von arbeitsbehindernden Problemen beschäftigt.

Dies ist in Europa durchaus nicht immer üblich und verdient Anerkennung! Selbst wenn die Arbeitsergebnisse nicht den Erwartungen des Managers entsprochen hätten, hätte er zumindest auf den geleisteten Arbeitsaufwand und das Engagement der Mitarbeiter positiv eingehen müssen.

Und das nicht nur mit Worten: Bloße Lippenbekenntnisse werden nämlich – und sei es nur intuitiv – rasch als solche erkannt und bewirken dann genau das Gegenteil. Deshalb ist es wichtig, eine positive Einstellung zu verinnerlichen.

Wir begeben uns mit den letzten Sätzen zum wiederholten Male auf ganz besonders wichtige Gebiete, die sich durch das gesamte Buch ziehen: das Niveau der Unternehmenskultur und den Umgang miteinander. Stimmen diese beiden Faktoren in einem Unternehmen (in einer Familie) nicht, so geht dies massiv zulasten jeglicher, für das Unternehmen oft entscheidender Motivation, sich voll und ganz in gemeinsame Ziele einzubringen.

2

Wie man es nicht machen sollte:

– **Zweckoptimismus**
– **Augen verschließen**

Eine Tagung der Gebietsleiter einer großen Versicherung. Es herrscht große Missstimmung. Schon im Vorfeld der Tagung war klar, dass das Produktmanagement am Bedarf vorbei produziert hatte. Trotzdem wies die Tagungsagenda keinen einzigen Punkt auf, der auf dieses Thema Bezug nahm. Der zuständige Bereichsvorstand hatte schon vorab jeden Versuch der Gebietsleiter, das Thema während der Tagung anzusprechen, verhindert.

Ich selbst wurde als externer Referent zu dieser Tagung gebeten, um über Probleme der Führungskommunikation zu sprechen. Dies ist immer dann eine heikle Sache, wenn man in seinem Referat unvermeidbar auf Dinge hinweisen muss, die gerade in eben dem Unternehmen schieflaufen, vor dessen Mitarbeitern man spricht. Meistens erkennt man dies als Referent erst in letzter Sekunde. So wurde auch ich in Tagungspausen auf diesen, immer größer werdenden Unmut mehrfach von den Teilnehmern hingewiesen. Als ich den Vorstand unter vier Augen auf diese Zeitbombe aufmerksam machte, meinte dieser, er wüsste, dass der eine oder der andere etwas unzufrieden wäre. Aber das wären erfahrungsgemäß immer diejenigen, denen man sowieso nie etwas recht machen könne. Ich sollte dies nicht überbewerten. Die Stimmung ansonsten wäre doch prächtig!

Doch der Unmut wurde größer, als der Bereichsvorstand Folien mit den sinkenden Verkaufszahlen an die Wand projizierte und mehr Engagement anmahnte, um den Verkauf wieder anzukurbeln. Gemurmel und Kopfschütteln im Saal, als

Gehe mit Deinen

Mitarbeitern so um,

wie Du möchtest,

dass Deine Vorgesetzten

mit Dir umgehen.

er von dem „so hervorragenden" neuen Produkt sprach. Die Stimmung der Tagungsteilnehmer wurde zunehmend angespannter. Alle Referenten der einzelnen Workshops bemerkten, dass die Gespräche immer wieder in Richtung des verunglückten Produktes gingen, das die Gebietsleiter unbedingt verkaufen sollten, mit dem sie sich aber absolut nicht identifizieren konnten. Am Abend feierte man zusammen im Ballsaal des Hotels. Alle (?) merkten, dass über der Gesellschaft eine unausgesprochene Spannung lag. Als die üblichen zehn Gewinner der nächsten Incentivereise geehrt wurden, drehten zahlreiche Tagungsteilnehmer demonstrativ der Bühne den Rücken zu. Zum Applaus hoben sich nur wenige Hände. Der auf der Bühne im Scheinwerferlicht stehende Vorstand sah dies alles nicht. Am nächsten Morgen versuchten einzelne Gebietsleiter erneut, vom Vorstand eine Stellungnahme zum mangelhaften Produkt zu erhalten. Wieder ließ er sie mit dem Hinweis, dies wäre jetzt nicht der Zeitpunkt das zu diskutieren, abblitzen. Gegen Mittag kam der Vorstandsvorsitzende als Vorgesetzter des – die Tagung leitenden – Bereichsvorstandes zur Schlussveranstaltung.

In seiner Abschlussrede lobte der Vorstandsvorsitzende die „fantastische Stimmung der Tagung, die Harmonie und den ›jede Sekunde spürbaren, positiven Geist des bewährten Vertriebsteams‹". Diese Rede war sichtlich längere Zeit vor der Tagung geschrieben und nie mehr abgeglichen worden. Und dann sprach er noch die bemerkenswerten, abschließenden Worte: „ … und wir haben ein hervorragendes neues Produkt, nicht wahr?" Sein Blick streifte über das Auditorium. „Ich sehe allgemeine Zustimmung! Das freut mich, meine Damen und Herren! Jetzt haben Sie das Werkzeug, um unsere Verkaufszahlen wieder in die gewohnten Höhen zu führen. Ich danke Ihnen und wünsche Ihnen einen guten Nachhauseweg."

Von fantastischer Stimmung und Harmonie auf der Tagung konnte nicht die geringste Rede sein. Noch weniger von Zustimmung zum Produkt. Alle Teilnehmer im Auditorium mussten sich nicht nur nicht ernst genommen, sondern (verzeihen Sie mir) schlicht „verarscht und benutzt" vorkommen. Nach dieser Rede dauerte es keine fünf Minuten, und der Raum war leer.

Was lernen wir daraus?

Verschließen Sie nicht die Augen vor offenkundigen Konflikten in Ihrem Unternehmen oder in Ihrem Arbeitsbereich. Durch eine Vogel-Strauß-Politik mit intensivem „Nichthinsehen" werden Sie diese Konflikte mit Sicherheit nicht beseitigen. Auch unser Bereichsvorstand wusste wahrscheinlich, dass das Produkt nicht gelungen war. Wahrscheinlich hatte er das Ganze sogar selbst abgesegnet. Aber aus Angst, sein Gesicht zu verlieren, vermied er eine offene und selbstkritische Stellungnahme und verstieg sich zu einer „Heißluft-Euphorie", nur um vor seinem Vorstandsvorsitzenden sein Gesicht zu wahren. Der saß – wie fast immer bei Tagungen üblich – in der ersten Reihe und konnte so die enttäuschten und konsternierten Mienen hinter ihm im Saal nicht wahrnehmen. Natürlich sah er deshalb keinen Grund, seine vorbereitete Rede zu ändern.

Hätte der Bereichsvorstand vor seinen Mitarbeitern Mängel eingestanden und zugleich klar gemacht, dass Änderungen jetzt kaum mehr vorzunehmen wären, hätte er um Verständnis und zugleich um Unterstützung gebeten. Kaum einer hätte es ihm übel genommen – und wahrscheinlich wäre ihm von keiner Seite Unterstützung verweigert worden. Jeder macht Fehler. So aber ist er auf dem besten Wege, von seinen Verkäufern nicht mehr ernst genommen zu werden.

3

Wie man es nicht machen sollte:

– Zu vergessen, dass im Ausland vieles anders ist

Im Rahmen eines großen Projektes verbrachte ich drei Tage in einem lateinamerikanischen Land, um einige Dinge mit dem Länderrepräsentanten meines deutschen Auftraggebers zu besprechen. Ich traf dort auf ein fieberhaft arbeitendes Team, das lange Abende investierte, um trotz der schwierigen Bedingungen (mangelhafte lokale Telefonsysteme, Korruption, destruktive Gewerkschaften) die vorgegebenen Ziele erfüllen zu können. Rasch bekam ich ein schlechtes Gewissen. Denn ich brachte noch mehr Arbeit. Noch während wir überlegten, wie viele zusätzliche Mitarbeiter wir für das kommende Projekt einzuplanen hatten, traf ein Fax der deutschen Zentrale aus Düsseldorf ein. Darin in kurzen Worten die Anordnung: Sofortiger weltweiter Einstellungsstopp! Nun, damit erschien unser in Deutschland entschiedenes Vorhaben, bestimmte neue Verfahrensprozesse zu installieren, ziemlich sinnlos. Ich ließ mir die rechtliche Seite in diesem lateinamerikanischen Land aufzeigen und erkannte, dass man ohne große Probleme Mitarbeiter mit befristeten Arbeitsverträgen einstellen könnte. Da dadurch einerseits keine unkalkulierbaren Kosten entstehen würden und andererseits wesentliche Ertragssteigerungen wahrscheinlich waren, rief ich in Deutschland an, um für dieses Land eine Ausnahmegenehmigung zu erhalten. Der Bereichsdirektor in Deutschland schmetterte mein Anliegen mit der Aussage ab: „Herr Maro, wenn wir weltweit sagen, dann meinen wir auch weltweit! Unsere Personalkosten sind mit zweiunddreißig Prozent viel zu hoch." Als ich ihn darauf aufmerksam machte, dass hier in Lateinamerika die Personalkosten nur zwölf Prozent ausmachen,

Woher kommen Führungskräfte?

Diese Frage existiert,
seit es Menschen gibt.
Werden Führungskräfte geboren
oder werden sie gemacht?

Sollten sie gemacht werden –
warum gibt es dann
kein Umtausch-
oder Rückgaberecht?

Aus: „Das Dilbert Prinzip"

dass wegen der lokalen arbeitsrechtlichen Situation keine langfristige Bindung von Kosten entstünden und andererseits dadurch das Projekt erfolgreich durchgeführt werden könnte, versprach er mir, sich die Sache zu überlegen. Am nächsten Tag jedoch bestätigte er seine Entscheidung, nicht ohne den Landesvertreter noch einmal aufzufordern, die erfolgreiche Abwicklung des Projektes auf jeden Fall zu gewährleisten. Einen Tag später erfolgten weitere präzise Anordnungen, die – so sie der Ländervertreter wortgetreu umgesetzt hätte – zu einem Scheitern des gesamten Projektes geführt hätten. So stellte dieser, entgegen der Anordnung aus Deutschland, heimlich zwölf neue Mitarbeiter ein. Denn wäre das Projekt gescheitert – man hätte ihm einen Strick daraus gedreht …

Was lernen wir daraus?

Globalisierung ist für viele Unternehmen ein Modewort geworden, an dem sie sich gerne festhalten. Sicherlich ist tatsächliche Globalisierung (auch in der Führungskommunikation) in Zukunft in vielen Bereichen unverzichtbar.
Globalisierung bedeutet aber auch, sich den jeweiligen Bedingungen in unterschiedlichen Ländern anzupassen.
Im Moment jedoch verfahren zahlreiche Unternehmen mit ihren ausländischen Töchtern nach dem Prinzip „was hier funktioniert, das hat auch dort zu funktionieren". Als wären die Oberhäuptlinge der Konzerne nie im Ausland auf Urlaub gewesen. Oder sind sie einfach nicht klug genug, um das zu begreifen? Manchmal habe ich tatsächlich den Eindruck …
Da gibt es Vorschriften, die in tropischen Ländern die Bezahlung von Klimaanlagen in Autos nur deshalb verweigern, weil dies in Deutschland auch nicht genehmigt wird. Da wird den Vertretern im Ausland genauestens vorgeschrieben, wie sie welchen Kunden zu kontaktieren, wie sie welches Produkt zu vermarkten haben. Da werden in Deutschland Bro-

schüren gedruckt und Plakate gefertigt, die in Indien oder Malaysia verteilt werden sollen. Diese Werbeunterlagen strotzen jedoch vor ethnischen oder sprachlichen Fehlern. Dem Ländervertreter wird trotzdem untersagt, eigene (richtige und angepasste) Unterlagen erstellen zu lassen, weil „man ja nun schon einmal soviel Geld für die fehlerhaften in Deutschland ausgegeben hat".

Diese Anordnungen werden von Menschen getroffen, die selbst nie in dem entsprechenden Land gewesen sind und weder Land und Leute noch die dort erfolgreichen Verkaufstechniken kennen.

Es gibt eine Fluggesellschaft, die es dank ihrer Bürokratie nicht schaffte, ihren Vertretern in einem afrikanischen Entwicklungsland (die mit Frau und Kleinkind dort leben und arbeiten) innerhalb von vier Wochen einen neuen Kühlschrank zu senden. Ein befreundetes lokales (!) Bauunternehmen griff ungefragt ein und schaffte es in drei Tagen.

Man fragt sich, wozu diese Unternehmen eigenverantwortliche (?) Vertreter in fernen Ländern etablieren, wenn diese dann nicht einmal eine Schreibmaschine kaufen können, ohne den deutschen Controller fragen zu müssen. Sehr rasch werden die Mitarbeiter im Ausland mutlos. Sie wurden als Führungskräfte dorthin gesandt, um ihr Unternehmen vor Ort voranzubringen. Dann aber schreibt man ihnen jeden Handgriff vor. Man entmündigt sie praktisch, wobei man internationale oder (schlimmer) deutsche Maßstäbe einsetzt, um subtile lokale Problemstellungen zu bewerten. Wen wundert es, wenn diese oft hoch qualifizierten Auslandsversetzten nur deshalb noch beim Unternehmen bleiben, weil sie gut bezahlt und trotzdem weit weg vom Schuss sind …

4

Wie man es nicht machen sollte:

– **Scheinbare Willkür**
– **Vertrauensverlust**

Noch während ich diese Zeilen schreibe, ärgere ich mich grün und blau über einen akuten Fall von „Zermotivation".
Meine Mitarbeiter und ich wurden vor etwa zwei Monaten vom Bereichsvorstand eines großen, international arbeitenden Unternehmens um dringende Hilfe gebeten. Man traf sich im Beisein weiterer Vorstandsmitglieder zu einer hoch vertraulichen Krisensitzung. Nicht unberechtigter Grund der Panik: Der Umsatz einer der wichtigsten Niederlassungen war in den letzten Monaten mehr als deutlich abgesackt. Zugleich hagelte es vonseiten der Mitarbeiter (über die Stimme des Betriebsrates) massive Beschwerden über den relativ neuen Niederlassungsleiter.

Der Fall schien sehr ernst zu sein, denn alle Teilnehmer der Sitzung informierten uns weitgehend ohne diplomatische Verbiegungen und die gewohnten Beschönigungen. Noch am gleichen Wochenende setzte ich mich mit meinem Team zusammen, um ein brauchbares Konzept zu finden, wie wir diese – hart an der Mobbinggrenze agierende – Mannschaft wieder zu kooperativem Verhalten führen könnten. Ein subtil zu behandelnder Fall: Denn den Chef zu wechseln schied aus. Man hätte damit der Willkür der Mitarbeiter Tür und Tor geöffnet.

Am Montag stellten wir unsere Absichten dem Vorstandsvorsitzenden, einem Manager aus dem benachbarten Ausland, vor.

Zu unserem Erstaunen sah er als Einziger den Fall ganz anders. Er sah keine Notwendigkeit einzugreifen, ignorierte in unserem Beisein klare Hinweise seiner Kollegen und schien nicht begreifen zu wollen, dass in diesem Falle Reparaturmaßnahmen umfassend nötig waren, gab aber schließlich widerwillig das „Ok" für mein Team und mich.

Die folgenden Tage waren für uns schweißtreibend und energiezehrend. Wir fanden eine gelähmte, von extremem Misstrauen geprägte Mannschaft vor. Dazu einen ratlosen, zugleich aber durchaus fähig erscheinenden Niederlassungsleiter.

Die Auswertung von – zuerst vom Betriebsrat bekämpften – anonymen Fragebogen und anschließenden intensiven Gesprächen zeigten, dass die massive Ablehnung gegen den Niederlassungsleiter offensichtlich nur Ventilfunktion hatte. Die tatsächlichen Ursachen schienen wesentlich tiefer (oder woanders?) zu liegen. Nach einer Unternehmensfusion waren die desorientierten Mitarbeiter jahrelang von einem wenig entscheidungsfreudigen Leiter und den darüberliegenden Hierarchieebenen vielfach schlicht „verschaukelt" worden. Man hatte Versprechungen nicht eingehalten, engagierte Mitarbeiterinitiativen ins Leere laufen lassen, scheinbar ohne Anlässe Kündigungen ausgesprochen und gezielt Desinformation betrieben. Entscheidungen der ausländischen Unternehmensmutter wurden vom Vorstandsvorsitzenden scheinbar ohne Wenn und Aber diskussionslos durchgesetzt. Die Mitarbeiter aller (!) Niederlassungen in Deutschland hatten darauf mit der üblichen Formierung von Zweckgemeinschaften reagiert. Man baute emotionale Mauern, übte sich im Nörgeln und pflegte nicht nur den Austausch der jeweils neuesten Gerüchte, sondern auch „die hohe Kunst" der passiven Resistenz. Da die nun von uns zu betreuende Niederlassung der deutschen Unternehmensleitung am wichtigsten war, hatte man kurz vor dem Einschalten meines Teams den schleppend agierenden Niederlassungsleiter gegen einen Mann der „Hard-Core-Klasse" ausgetauscht.

Der neue Leiter kam aus einem jungen Team, das seine Denk- und Handlungsweisen nachgelebt hatte und damit erfolgreich war. In seiner neuen Arbeitsstätte aber traf er auf ein wesentlich älteres, auf Trotz und Widerstand eingeschworenes Team, das von innerer Kündigung und totalem Misstrauen gegenüber allen Führenden geprägt war. Direkt bei Antritt der neuen Führungskraft „unterstützte" die Geschäftsleitung diesen mit der Entlassung weiterer „schwieriger" Mitarbeiter. Diese jedoch hatten bis zu ihrem Ausscheiden genügend Zeit, Misstrauen und Ablehnung zu säen. Erst als scheinbar nichts mehr ging, rief man nach uns. Nach unseren Recherchen informierten wir den Vorstand und baten ihn, uns (also meinem Team und den Mitarbeitern der Niederlassung) für ein Quartal absolut den Rücken frei zu halten, uns weder mit (zu erwartenden) erneut schwachen Umsatzzahlen verbal zu belasten, noch in den nächsten Wochen weitere Personalveränderungen vorzunehmen. Wir wollten einfach Ruhe zum Arbeiten haben. Man versprach uns, sich daran zu halten und uns mit dem Team alle Chancen zu geben. So schafften wir es tatsächlich, das Vertrauen des Teams zu gewinnen und es in heißen Diskussionen und intensiven Workshops für neue, gemeinsam formulierte Ziele zu begeistern. Man definierte und unterschrieb interne Vereinbarungen zum ethisch richtigen Umgang miteinander und erarbeitete zahlreiche Lösungsansätze, um das Team wieder erfolgreich werden zu lassen. Den von mir gecoachten, klugen und sehr lernbereiten Niederlassungsleiter hatte ich zu Anfang aus dem Projekt „ausgeklinkt". Nun stieß er nach einigen Wochen wieder zum Team und – es war kaum zu glauben – wurde in die neu formierte, an den selbst gesteckten Zielen begeistert arbeitende Gemeinschaft weitgehend offen aufgenommen.

Wir hatten es fast geschafft. Stolz verwiesen wir in einem Fax an unseren Auftraggeber, einen Bereichsvorstand, auf die ersten sicht- und messbaren Ergebnisse. Noch drei oder vier Wochen und wir würden uns langsam aus dem Team zurückziehen können. Ein ehemals widerspenstiger Haufen von sich

„in Notwehr" solidarisierenden Mitarbeitern war auf dem besten Weg, in den nächsten zwei Monaten zu einem „Winning Team" zu werden. Dabei lagen wir mit unseren Erfolgen weit vor den geplanten Terminen. Gestern rief mich der Niederlassungsleiter an und teilte mir mit, dass er zum Vorstandsvorsitzenden gerufen worden war. Dieser hatte ihm mitgeteilt, dass seine und andere Niederlassungen aufgelöst würden. Einigen älteren Mitarbeitern würden Auflösungsverträge angeboten werden. Andere würde man auf unterschiedliche Unternehmensbereiche verteilen. Er selbst müsse in vier Wochen die Niederlassung in einer anderen deutschen Großstadt übernehmen. Ein sofortiger Anruf meinerseits bei meinem Auftraggeber – einem Bereichsvorstand – ergab, dass auch er bis zu dieser Stunde angeblich nichts von den (einsamen?) Entscheidungen seines Vorstandsvorsitzenden wusste!

Lassen Sie mich hier das Drama nicht weiter schildern! Es ärgert mich einfach zu sehr. Dies ist ein klassisches Beispiel, wie man Mitarbeiter ein für alle Mal zermotiviert!

Es war in diesem Moment auch den Naivsten unter den Mitarbeitern des Unternehmens klar, dass der Vorstandsvorsitzende (und eventuell sogar seine Kollegen) die Umstrukturierung längst fest geplant hatten, bevor sie uns einschalteten. Wir hatten – die Zusage des Vorstandes im Ohr – den Mitarbeitern Ruhe im Team versprochen und intensiv für ein Vertrauen zum Vorstand geworben. Nur so war es möglich, konstruktiv zueinanderzufinden. Die etwa 90 Mitarbeiter der Niederlassung waren jahrelang erst einer chaotisch und unberechenbaren Führung ausgesetzt, dann kam jemand, der zwar fähig war, aber mit falschen Methoden zum Ziel wollte. Beinahe nicht mehr zur Vertrauensbildung fähig, hatten sie sich aufgerafft und erst uns, den Beratern, dann auch ihrem direkten Chef vertraut. Und dann handelt ein Statthalter in der Position eines Vorstandsvorsitzenden dienstbeflissen wie ein Roboter.

Die Anordnung zu diesem führungspolitischen Irrsinn war – so stellte sich heute heraus – von einem Gremium der Muttergesellschaft im Ausland getroffen worden, das ausschließlich nach aktuellen Zahlen entschied und von seinem Vertreter in Deutschland nicht über aktuelle Maßnahmen unterrichtet worden war. Der Vorstandsvorsitzende in Deutschland hatte dies scheinbar unterlassen, weil er es als „Eingeständnis einer Führungsschwäche" ansah, externe Helfer hinzugezogen zu haben. Wie soll auch nur einer der betroffenen Menschen noch jemals wieder Vertrauen zu irgendeiner Führungskraft finden? Wie soll je wieder ein Berater oder Coach bei diesen Mitarbeitern „einen Fuß auf den Boden bekommen"?

Was lernen wir daraus?

① Gegenseitiges Vertrauen ist nicht nur in einer privaten Beziehung die unverzichtbare Voraussetzung für ein harmonisches Zusammenleben.

In einem Unternehmen, in dem die Mitarbeiter nicht mehr dem Wort ihrer Vorgesetzten glauben, ist jegliche Motivation und Energie zur Erfüllung der Unternehmensziele verloren. Da helfen keine anfeuernden Worte, keine Gehaltserhöhungen und keine Reisen nach New York. Wenn ein Mitarbeiter nicht mehr weiß, ob morgen noch das Wort gilt, das ihm seine Arbeit ermöglicht (oder sichert), dann wird der tägliche Gang zur Arbeit zum Überlebenstraining. Rasch setzt sich Fatalismus durch: „Mal sehen, was die sich heute wieder ausdenken."

Da im oben geschilderten Fall weitergehende Begründungen ebenso wenig kommuniziert wurden, wie adressatengerecht verpackte strategische Planungen, musste diesen Mitarbeitern jegliche Entscheidung als pure Willkür erscheinen. Der Vorstandsvorsitzende in dem hier geschil-

Gestalte Deine
Arbeitsumgebung so,
dass Du Dich darin
wohlfühlst.

Gestehe dies aber
auch Deinen
Mitarbeitern zu!

derten Fall begeht somit eine der Todsünden einer Führungskraft! Er demoliert damit eine Unternehmenskultur endgültig, die auch durch seine Nachfolger kaum mehr zu reparieren ist. Das allerdings wird diesem Herrn egal sein, denn nach seinem eigenen Bekunden ist es sein Bestreben, möglichst bald in das Heimatland seines Unternehmens zurückzukehren und dort eine Führungsposition zu übernehmen. Er schädigt sein Unternehmen, die Glaubwürdigkeit seiner Kollegen, die seiner Berater und Helfer und nicht zuletzt sein Ansehen. Eigentlich müsste man solche Personen rasch von ihrem Platz entfernen. Aber was kümmert dies seine Vorgesetzten im Ausland?

Lieber Leser: Es kann ja sein, dass Sie wirklich eine von oben angeordnete, unangenehme Maßnahme einleiten müssen, obwohl Sie versucht haben, Ihre eigenen Vorgesetzten auf die Folgen aufmerksam zu machen. In diesem Fall hilft nur extreme Offenheit gegenüber den Mitarbeitern. Schieben Sie aber auf keinen Fall irgendeinen Schwarzen Peter Ihren Vorgesetzten zu und versuchen Sie nicht, deren Entscheidungen kommentarlos durchzudrücken. Versuchen Sie stattdessen, wenn irgend möglich, die Gründe adressatengerecht darzulegen und gemeinsam mit den Mitarbeitern die Zukunft zu planen. Vermeiden Sie dabei auch Floskeln wie „im Zuge der Umstrukturierung" oder „aus Kostengründen". Diese und ähnliche Argumente können von Ihren Mitarbeitern nur schwer nachvollzogen werden.

② Wenn Sie als neue Führungskraft ein bestehendes Team übernehmen, sollten Sie die ersten 100 Tage unbedingt erst einmal „einen langsamen Gang einlegen". Versuchen Sie, Zusammenhänge, Strömungen und Netzwerke zu erspüren und gegebenenfalls aufzubauen. Erst danach können Sie versuchen, das Team langsam auf die von Ihnen gewünschte Gangart einzustellen.

Wenn Sie vom ersten Tag an alles Bisherige umwerfen wollen, so werden Sie bei Ihren Mitarbeitern sehr rasch gegen eine Wand aus Gummi laufen. Und: Das kann ich dann sogar ein wenig verstehen. Denn die Mitarbeiter müssen sich erst öffnen, um sich mit den Konzepten „des Neuen" identifizieren zu können. Vorher ist es reine Befehlsausführung mit allen bekannten Nachteilen des fehlenden Engagements und der Motivationslosigkeit.

③ Wenn Sie einen Coach oder einen anderen Berater engagieren, um Ihnen aus einer Klemme zu helfen, so müssen Sie diesen – totale Unfähigkeit des Beraters ausgeschlossen – unbedingt sein Projekt zu Ende führen lassen.

Das vorzeitige Ablösen von Beratern wird von den Mitarbeitern immer auch als Schwäche der Führenden ausgelegt. Außerdem schaffen unterschiedliche Lösungsansätze in kurzen Zeiträumen hintereinander eine mehr als zermotivierende Orientierungslosigkeit unter allen Betroffenen.

Man benötigt einen sehr hohen kommunikativen Aufwand, um diese Orientierungslosigkeit zu beseitigen. Mit kernigen Parolen die an die Stirnwand des Raumes für die Jahrestagung genagelt oder mit sündhaft teuren Videofilmen auf eine Riesenleinwand projiziert werden, ist es nicht getan.

5

Wie man es nicht machen sollte:

– Neue Ziele setzen, bevor die alten erreicht sind

Vor einem halben Jahr war ich in São Paulo, um im Rahmen eines Workshops den Mitarbeitern der brasilianischen Tochter eines großen deutschen Unternehmens zu helfen. Es gab neue Vorgaben aus Deutschland, die – unter leicht erschwerten Bedingungen – umgehend in alle Planungen einfließen sollten. Für die Brasilianer bedeutete das noch mehr Arbeit. Dies störte sie weniger als die Tatsache, dass sie zwar neue Umsatzvorgaben bekommen hatten, man ihnen aber zugleich mitgeteilt hatte, dass sie dieses Jahr erneut (!) nicht mit einer Gehaltserhöhung rechnen konnten. Sie hatten jetzt schon angesichts der grassierenden Inflation große Probleme, ihren bescheidenen Lebensstandard zu halten. Trotzdem waren wir alle imstande, im Rahmen unserer Arbeit konkrete Schritte zur Erreichung der vorgegebenen Ziele einzuleiten.

Vor wenigen Wochen war ich erneut in Brasilien. Es war „Halbzeit" in diesem Projekt und damit an der Zeit, den Stand der Dinge und die bisherigen Arbeitsergebnisse zu überprüfen. Ich wurde von einer Gruppe von dynamisch agierenden Mitarbeitern überrascht, die fast alle bis dahin angestrebten Teilziele erreicht hatten! Man hatte die Mutlosigkeit des Vorjahres überwunden und wahrlich hervorragende Arbeit geleistet. Dies zeigte sich nicht zuletzt in deutlich verbesserten Umsatzzahlen. Noch während ich am Morgen mit den Mitarbeitern im Rahmen eines kleinen Umtrunks feierte, wurde mir vom Teamleiter eine E-Mail aus Deutschland übergeben. Darin wurde dem Leiter die erneute Erhöhung der Umsatzziele mitgeteilt. Das machte die bisherige Arbeit zu einem Teil sinnlos und erforderte völlig neue Wege in den

Marketingstrategien. In der gleichen E-Mail wurde dem Leiter mitgeteilt, dass man ihm – „im Zuge der vom Vorstand beschlossenen Sparmaßnahmen" – sein Marketingbudget um zwanzig Prozent kürzen würde. Der Mann hatte fast Tränen in den Augen. Mir platzte beinahe der Kragen! Der Zeitunterschied machte es möglich – ich rief sofort in Deutschland an. Der Absender der Nachricht – mein Auftraggeber und zugleich Vorgesetzter des brasilianischen Ländervertreters – erklärte mir, man hätte ihm vonseiten des Vorstandes ultimativ vorgegeben, bis zum Ende des Geschäftsjahres mindestens fünfzehn Prozent mehr Umsatz einzufahren. Gleichzeitig hatte ihm der Chefcontroller des Konzerns mitgeteilt, dass er im Marketingbudget „ohne Wenn und Aber" eine bestimmte Summe einzusparen hätte.

Woher der Controller die Logik nahm, neue, noch umfangreichere Marketingmaßnahmen bei gleichzeitiger Kürzung des Marketingbudgets zu ergreifen, ist mir bis heute ein Rätsel. Der deutsche Manager bat mich „um Vermittlung" in Brasilien und schloss das Gespräch mit dem, ach so ergreifenden Satz: „Herr Maro, ich vertraue Ihnen da voll und ganz. Sie machen das schon!" Es gelang mir nur deshalb, die Situation zu retten, weil das Team bereit war, die Agenda der nächsten Tage zu ändern. Wir verbrachten einen vollen Tag mit der Planung von unterschiedlichen Szenarien nach dem (immer erfolgreichen) Denkmuster „Best Case / Worst Case". Im Rahmen eines „Worst-Case-Szenarios" war es möglich, Perspektiven und dann Lösungsansätze für die nun gültigen Vorgaben zu finden. Es gelang jedoch nicht mehr, das – für die brasilianische Unternehmenstochter so wichtige – Team innerlich auf die neuen Ziele einzuschwören. Da war jegliches Vertrauen zum Management zerbrochen. Dem eigenen Teamleiter glaubte man so gerade noch. Aber jedes Teammitglied beschloss wohl für sich selbst, von jetzt ab „Dienst nach Vorschrift" zu machen und nicht noch mehr Energie in ein Unternehmen zu stecken, dessen deutsche Manager offensichtlich ihre bisherige Arbeit nicht einmal mehr mit einer Nebenbemerkung würdigten.

Ein klassischer Fall von nachhaltiger Zermotivierung. Was wird passieren? Die neuen Ziele werden sicher nicht erreicht werden. Wahrscheinlich wird man dann erst das brasilianische und anschließend das deutsche Bereichsmanagement auswechseln. Aber auch die neuen Manager werden wenig Chancen haben, Vertrauen zu gewinnen. Altlasten wirken lange nach …

Und noch ein ähnliches Beispiel, das mir gestern Abend ein befreundeter Manager schilderte: Er ist Geschäftsführer der deutschen Tochter eines amerikanischen Konzerns und hat es letztes Jahr geschafft, nicht nur den Umsatz in einem Jahr um 80 (!) Prozent zu steigern, sondern zugleich auch weltweit im Konzern die höchste Umsatzrendite zu erarbeiten. Dies hat er nicht nur mit dem geringsten Anteil aller Länder an Manpower erreicht. Zugleich hatte er es auch geschafft, diese Gewaltanstrengung ohne übermäßig große menschliche Energieverluste bei seinen Mitarbeitern zu bewältigen. Er hatte also nicht nur sehr rasch Erfolge eingefahren, sondern zugleich auch wertvolle Bausteine bereitgelegt, um im kommenden Jahr auf diesem hohen Niveau weitermachen zu können.

Vernünftigerweise wäre jetzt dem Unternehmen hier eine kleine Verschnaufpause zu gönnen, in der bestehende Kundenbeziehungen gefestigt und die Erfolge der letzten zwölf Monate noch einmal hinsichtlich ihrer Zukunftsperspektiven überprüft werden können. Der Umsatz kann dann gehalten werden. Dies allein wäre schon eine Leistung, denn man bewegt sich in „ziemlich dünner Luft". Da man frohen Mutes und gut motiviert ist, könnte man sogar versuchen, auf den letztjährigen Superumsatz noch ein klein wenig oben draufzulegen. Mit sportlichem Ehrgeiz und in dem Bewusstsein, dass man der Beste ist, macht Arbeit Spaß. In diesen Tagen hat man dem Geschäftsführer die Forderungen seiner Chefs für das nächste Jahr mitgeteilt: Man erwartet eine Verdopp-

Motivierte Mitarbeiter
verzeihen ihrer
Führungskraft vieles.

Nur zwei Dinge nie:
Schlechtes Benehmen
und Unfairness.

lung des nun erreichten Umsatzes bei gleichzeitiger Reduzierung der Personalkosten …

Diese Herren in Illinois haben in Harvard und sonst wo ihre Diplome mit erstklassigen Noten erhalten. Aber dort ist es wie in allen Universitäten dieser Welt. Man lernt viel Theorie. Zur richtigen Führungskommunikation gibt es kaum praxisgerechte Seminare. Da jedoch bei fast allen Managern immer die persönliche Karriere im Vordergrund steht, sind rasch vorzeigbare Erfolge oft wichtiger als langfristig erfolgreich wirkende Strategien. Zusätzlicher Druck wird noch durch Aktionäre oder deren Vertreter ausgeübt. Anleger und Börsengambler in aller Welt sind an Maßnahmen und Verfahrensweisen, die auf langfristige Sicherheit abzielen, wenig interessiert, da diese am Anfang eher Geld kosten.

Was lernen wir daraus?

Es ist ein – nachhaltig zermotivierender – Fehler vieler Führungskräfte, neue Ziele vorzugeben, bevor die alten auch nur annähernd erreicht sind, obwohl die Mitarbeiter fieberhaft daran arbeiten. Hier gilt das Gleiche wie bei der Festsetzung von Unternehmensstrategien. Sie müssen sich – und vor allem auch Ihren Mitarbeitern eine Chance geben, Ziele zu erreichen. Je öfter Sie die Ziele ändern, bevor sie auch nur ansatzweise erreicht sind, desto zaghafter werden alle im Unternehmen ihre (immer wieder neu definierte) Arbeit beginnen. Versetzen Sie sich (möglichst immer wieder) in die Situation Ihrer Mitarbeiter. Dann sähe diese Situation symbolisch für Sie etwa so aus: Sie stehen frohen Mutes und hoch motiviert vor der zweiten von mehreren riesigen Granitstufen, die es – dem Unternehmensziel folgend – in den nächsten zwölf Monaten zu erklimmen gilt. Die erste dieser Stufen haben Sie in den letzten Monaten mit einigem Mehreinsatz, dank guter Werkzeuge und – nicht zuletzt – dank des Verständnisses Ihres Partners (Ihrer Partnerin) zu Hause gut geschafft. Nun also geht es an die zweite Stufe. Neben sich haben Sie sich wieder Ihr Werkzeug, eine Leiter, zurechtgestellt, mit deren Hilfe und dank Ihres Einsatzes es gelingen wird, die zweite Stufe zu erklimmen. Aber bevor Sie die Leiter richtig an die Granitwand stellen können, kommt Ihre Führungskraft und erklärt Ihnen, dass man – aus nicht näher definierten Gründen – nun von Ihnen erwarte, dass Sie gleich die übernächste Stufe erreichen.

Zugleich aber teilt man Ihnen mit, dass Sie leider auf die Leiter verzichten müssten, weil diese von nun ab einfach zu teuer wäre. „Aber", so die motivierende Bemerkung Ihrer Führungskraft, „ich setze volles Vertrauen in Ihre Schaffenskraft und in Ihre Kreativität. Sie werden das auch ohne Leiter schon hinbekommen … " Eventuell passiert dies kurz darauf noch einmal – mit wieder neuen Vorgaben. Nun fragen Sie sich ehrlich, ob Sie das motivieren würde, mit vollem Elan an die Sache heranzugehen. Oder ob Sie nicht eher zögern würden. Denn Sie wissen ja nicht, ob Sie nun ungestört agieren können, oder ob man sich nicht in kurzer Zeit wieder „was Neues" einfallen lässt.

6

Wie man es nicht machen sollte:

- Scheinheiligkeit
- Lügen (?)
- Vertrauensverlust

Im Dezember letzten Jahres machte die Übernahme eines bekannten Unternehmens durch einen Mitanbieter Schlagzeilen. Die Übernahme an der Börse war zwar „freundlich" erfolgt, aber da das kaufende Unternehmen bis dahin zu den härtesten Konkurrenten gehörte, waren Spannungen zwischen den Mitarbeitern beider Firmen vorprogrammiert. Da der neue Besitzer praktisch identische Produkte produzierte wie das gekaufte Unternehmen, hatten die Mitarbeiter begründete Ängste um ihre Arbeitsplätze.

Der Vorstandsvorsitzende des nun größten Unternehmens seiner Art in Deutschland berief wenige Tage nach der Übernahme (die „alten" Vorstände der gekauften Firma waren noch im Dienst!) alle Mitarbeiter des ehemaligen Konkurrenten zu einer Versammlung, in der er eine bemerkenswerte Rede hielt, die in den folgenden Sätzen gipfelte: „… und ich kann Ihnen versichern, dass es keinerlei Pläne gibt, dieses Werk hier zu schließen. Sollten hier anderslautende Gerüchte aufkommen, so verspreche ich Ihnen schon heute, dass ich zu meinem Wort stehe. Ich bin stolz, mit Ihnen zusammenarbeiten zu dürfen."

Das war im Dezember. Mitte Januar lag ein Rundschreiben in den Postfächern der Mitarbeiter. Darin teilte der Vorstandsvorsitzende den Angestellten mit, man plane, das Werk „aus strategischen Erwägungen" innerhalb der nächsten sechs Monate zu schließen. Es folgten Ankündigungen zu sozialen Regelungen, sowie ein trockenes „Mit freundlichen Grüßen".

Entscheidend ist nicht,

was Du sagst oder tust.

Entscheidend ist,

was andere

darunter verstehen

oder daraus machen!

Nun, Arbeitsplätze werden hier wohl kaum verloren gehen. Die meisten Mitarbeiter werden jedoch mehrere Hundert Kilometer umziehen müssen, um einen neuen Arbeitsplatz in einem anderen Werk zu erhalten. Unangenehm genug!

Aber wenden wir uns dem Thema „Motivation" zu. Glauben Sie, dass auch nur einer der „zwangsumgesiedelten" Mitarbeiter im neuen Unternehmen motiviert seine Arbeit verrichten wird? Abgesehen von den abzusehenden Identifikationsproblemen, die eine Begleiterscheinung jeder Übernahme sind. Nein! Auch hier wurden zahlreiche Menschen für lange Zeit zermotiviert. Ihre neuen Vorgesetzten werden mit Vorurteilen zu kämpfen haben. Die Produktion wird längst nicht das Niveau erreichen, das sie hätte erreichen können, wenn man nur mit den Mitarbeitern anders verfahren wäre.

Was lernen wir daraus?

Was, so werden Sie vielleicht fragen, hätte der Vorstand konkret anders machen sollen? Nun, zu allererst hätte er keine großspurigen Zusagen machen dürfen, solange er nicht hundertprozentig wusste, wie es mit dem gekauften Unternehmen weitergehen würde. Diesen Fehler hat schon Bundeskanzler Kohl bei der Wiedervereinigung gemacht. Und das nimmt man ihm heute noch übel. Wenn der Vorstand schon im Dezember genau wusste, was er vorhatte (ich vermute das), so wäre seine Rede eine glatte, völlig unnötige Lüge – mit extrem zermotivierenden Folgen – gewesen. Warum ist er dann nicht einfach vor die versammelte Mannschaft getreten und hat ihr reinen Wein eingeschenkt? Mit ein wenig Willen zur Kooperation und etwas Hineindenken in die Probleme und Ängste dieser Menschen wäre es eine Kleinigkeit gewesen, Verständnis für akzeptable Lösungen der anstehenden Probleme zu finden.

Ich kenne einen anderen Fall, in dem die betroffenen Mitarbeiter selbst – im Rahmen intensiver Projektgruppen – die Auflösung ihres bisherigen Unternehmens und ihren eigenen Ortswechsel zur Zufriedenheit aller lösen konnten. Dies war aber nur möglich, weil das neue Management mit völlig offenen Karten spielte und zu konstruktiver Hilfe bereit war.

Noch während ich diese Seiten schreibe, gehen in Deutschland Hunderte von Facharbeitern auf die Straße. Ihr Unternehmen soll im Rahmen einer unfreundlichen Übernahme dem größten Konkurrenten einverleibt werden. Bisher hat der (wahrscheinliche) neue Unternehmensleiter noch kein Wort darüber verloren, was er mit den vielen – im Unternehmen dann nicht mehr benötigten – Menschen machen wird ...

7

Wie man es nicht machen sollte:

– **Unfähigkeit zu führen**

Ein Fall aus dem unteren Führungsbereich eines Kaufhauses.
Eine Freundin von mir arbeitet seit wenigen Wochen in einem
großen Kaufhaus. Der Konzern, dem dieses Kaufhaus angehört, steht vor erkannten, ernsten Problemen der Servicequalität. Im Rahmen massiver Sparprogramme war in den letzten
Monaten die Zahl der Mitarbeiter stark reduziert worden. Auf
den verbliebenen Verkäufern und Verkäuferinnen liegt nun
der gesamte Leistungsdruck, denn die Kunden sind nicht weniger geworden.
Wie so oft in solchen Fällen reagiert das obere Management
auf die nun offensichtlich werdenden Defizite mit Hilflosig-
keit, die sich einerseits in leutseligen schriftlichen Anfeue-
rungen, andererseits in massivem Druck auf die Mitarbeiter
manifestiert. Allerdings sind zahlreiche Führungskräfte der
mittleren und unteren Ebenen diesem Druck nicht im geringsten gewachsen. Diese Abteilungs- und Gruppenleiter
erhielten ihre Position zum großen Teil nicht aufgrund von
hervorragenden Leistungen, sondern durch langjährige Betriebszugehörigkeit.
Aber Gott sei Dank! Es gibt auch in diesem Unternehmen
zahlreiche Verkäufer und Verkäuferinnen, die sich erst einmal nicht bange machen lassen und die alles daran setzen,
aus der Misere das Beste zu machen.
So versuchten sie in regelrechter „Handarbeit" erstaunlich
kreativ Arbeitserleichterungen zu erfinden und Maßnahmen
zur Prozessoptimierung einzuleiten, um trotz der Personalenge
guten Service leisten zu können. Was kann sich ein Management mehr wünschen, als Mitarbeiter, die in Eigeninitiative

versuchen, personelle Einschnitte auszugleichen! Doch – aus unerfindlichen Gründen – torpedieren Führungskräfte aller Ebenen diese Versuche am laufenden Band.

Nachfolgend einige Situationen und Aussagen, die meine Freundin (durch Gespräche mit mir natürlich sensibilisiert) in den letzten Wochen beobachtete: Die Führungskräfte scheinen übereingekommen zu sein, persönlich zu kontrollieren, ob die Mitarbeiter auch wirklich bei der Sache sind. So streifen die Manager aller Ebenen permanent durch die Abteilungen und stören konsequenterweise jedes vernünftige Kundengespräch. Einer dieser umherpirschenden Abteilungsleiter sagte zu einer Mitarbeiterin, während (!) diese einer Kundin Geld für das Parkhaus wechselte: „Unterlassen Sie dies sofort. Wir sind ein Kaufhaus und keine Wechselstube!" Auf den Einwand der Kundin hin, dass ihn das wohl wenig anginge, kam die Antwort: „Hören Sie mal, ich bin hier der Abteilungsleiter. Unsere Mitarbeiterinnen sind zum Verkaufen da und nicht zum Geld wechseln!" Und dann zu der Mitarbeiterin: „Verlassen Sie die Kasse und sagen Sie Frau XY, dass sie Ihre Position übernehmen soll." Später, kurz vor Feierabend, wurde die betroffene Mitarbeiterin zu eben dieser Führungskraft gerufen. Vor versammelter Mannschaft wurde ihr mit Entlassung (!) gedroht, wenn sie es noch einmal wagen würde, den Manager derart vor einem Kunden zu kompromittieren!" (Sie hören und lesen richtig!).

Noch ein Fall – gleiches Kaufhaus: Zusammen mit einer Kollegin machte sich meine Freundin Gedanken, wie man Kinder länger in der Spielwarenabteilung halten könnte, obwohl gegenüber ein Spezialgeschäft eröffnet hatte. Man fand einige erfolgversprechende Lösungen und trug diese dem Abteilungsleiter vor. Dieser reagierte aggressiv: „Meine Damen, Verkaufsförderung ist Aufgabe des Managements. Ihre Kreativität ist hier nur bedingt gefragt! Sie sollen verkaufen. Heben Sie sich Ihre Kreativität für Ihren Ehemann zu Hause auf."

Und noch ein letztes Beispiel – diesmal persönlich erlebt: Ich besuchte meine Freundin, die in der Elektroabteilung arbeitet und kaufte dort für einen erheblichen Betrag mehrere Artikel ein. Noch während sie die von mir gekauften Waren einpackte, erschien plötzlich ein Herr und fauchte meine Freundin an: „Sie sind nicht angestellt, um mit Typen herumzuschäkern. Sie sollen verkaufen und sich gefälligst um unsere Kunden kümmern." Während es meiner Freundin die Sprache verschlug, fragte ich den Herrn, was ich denn tun müsste, um hier im Haus ungestört für 360 Euro Filme kaufen zu dürfen. Die Antwort kam umgehend: „Hören Sie, reden Sie keinen Schrott. Sie halten Frau XY von der Arbeit ab." Langsam fing mir die Sache an, Spaß zu machen: „Ich sehe die ganze Zeit außer mir keinen Kunden hier am Tresen!", sagte ich. „Das interessiert mich überhaupt nicht – Sie sollen hier nicht weiter stören!" Er drehte sich – völlig überfordert – um und verließ die Szene, nicht ohne mit dem Zeigefinger auf meine Freundin deutend zu bemerken: „Wir sind ein Dienstleistungsunternehmen. Extratouren mögen wir nicht."

Drei Situationen, drei Abteilungsleiter. Derartige Vorfälle sind in diesem Kaufhaus mit 400 Mitarbeitern an der Tagungsordnung. Hier zeigt sich, dass Führungskräfte, die beinahe willkürlich bzw. nach Firmenzugehörigkeit oder „Umsatz-Rennliste" in diese Position gehoben werden, noch lange nicht das Talent zur Führungskraft haben müssen. Die Unfähigkeit der mittleren und unteren Führungskräfte offenbarte sich aber erst massiv, als von oben angeordnet wurde, dass „man denen da unten auf die Finger schauen sollte".

In diesem Kaufhaus wird es nicht mehr lange dauern, bis jeder einzelne Mensch an der Verkaufsfront derart zermotiviert ist, dass es für die Servicequalität im Haus kaum mehr Verbesserungschancen gibt. Denn sie alle werden sich über kurz oder lang auf die Position der passiven Resistenz (gern auch Dienst nach Vorschrift genannt) zurückziehen. Dann wird kein Geld mehr gewechselt werden. Es werden keine

Manche Menschen

haben ein unglaublich

gutes Gedächtnis!

Sie machen ein und

denselben Fehler –

auch nach Wochen

und Monaten –

immer und immer wieder.

Martin Pappert

Anstrengungen mehr unternommen werden, das kleine „etwas mehr" zu verkaufen. Auch die Atmosphäre in diesem Haus wird mehr und mehr „von notwendiger Pflichterfüllung" gekennzeichnet sein. Der Umsatz wird dadurch weiter sinken. Und in der Konzernzentrale wird man sich ernsthaft überlegen, ob man das Haus nicht schließen und 400 Mitarbeiter dem Arbeitsamt überlassen soll.

Was lernen wir daraus?

Wenn die Erträge oder Leistungen in einem Unternehmensbereich auf scheinbar unerklärliche Weise stagnieren oder sinken, so sollten Sie umgehend ein Auge auf die Führungskommunikation Ihrer mittleren und unteren Managementebene werfen. Nicht selten sind Mängel auf diesen Ebenen Ursache für eine stetige Zermotivierung, die sich langsam, aber nachhaltig negativ auswirkt.

Zahlreiche Menschen werden einfach nie gute Führungskräfte werden. Dies hat mit zahlreichen Faktoren zu tun, die hier nicht Thema sein sollen. Grundsätzlich bin ich der Meinung, dass es keine (oder kaum) „schlechte Mitarbeiter" gibt. Es gibt aber sehr wohl falsche Mitarbeiter an falschen Plätzen. Vielleicht leisten derart falsch reagierende Abteilungsleiter in anderen Positionen hervorragende Arbeit. Als man ihnen mitgeteilt hat, dass sie Abteilungsleiter werden, haben sich die Aufsteiger gefreut. „Man wird jetzt wer – und man verdient mehr Geld." Bestimmt hat sich kaum einer der jetzt überforderten Führungskräfte schon damals Gedanken über seine eigenen Fähigkeiten gemacht. Später wäre das Eingeständnis der selbst erkannten Schwächen sicher das frühe Ende der Karriere gewesen. Die Folgen von Führungsmängeln werden nach oben mit Begründungen kaschiert, die schwerlich nachzuweisen sind. Kundenverhalten, Sommerwetter, Produktmängel – alles Mögliche wird vorgeschoben.

So allein gelassen verstärken sich Führungsfehler und negatives Feedback gegenseitig. Führungskraft wie Mitarbeiter leiden unter dieser Situation. Die Unternehmensleitung jedoch wird normalerweise erst die wahren Gründe erfahren, wenn die Mitarbeiter zum Betriebsrat laufen oder spontan streiken.

Wenn Ihre Hauspsychologen oder andere externe Fachleute klar erkennen, dass diese Eignung fehlt, so müssen Sie umgehend handeln. Der langfristig angerichtete Schaden ist mit Sicherheit größer als die Kosten einer Versetzung. Natürlich macht es wenig Sinn, Ihre Mitarbeiter in offenen Gesprächen zu befragen. Dies wäre führungspolitischer Wahnsinn, denn dadurch würden Sie rasch Anlass für Intrigen, Mobbing und Abteilungsterror liefern. Hier ist, wie oft auch in anderen Fällen, eine regelmäßige, anonyme Mitarbeiterbefragung mit weitgehend offenen (!) Fragen sinnvoll.

8

Wie man es nicht machen sollte:

– Profilneurose

Während der Arbeit in einem großen Unternehmen klagte ein Mitarbeiter des Produktmanagements eines bestimmten Bereiches, dass so gut wie keine Idee der Abteilung in den letzten Monaten bei der Geschäftsleitung auf offene Ohren gestoßen war. Dies, obwohl er und alle seine Kollegen der festen Überzeugung waren, dass die aufgezeigten Lösungen den „Weg ans Tageslicht" darstellten.

Zuerst erschien mir das Ganze wie die mutlose Klage von jemandem, der sich nicht ausreichend beachtet oder berücksichtigt fühlt. Im Verlaufe meiner Arbeit im Unternehmen erkannte ich jedoch, dass die Arbeiten dieses Teams tatsächlich einen sehr erfolgversprechenden Weg aufzeigten, um wichtige Probleme zu lösen. Umgehend informierte ich mich ausführlicher und sorgte dafür, dass das Team einen Präsentationstermin bei der Geschäftsleitung bekam.

Alles Weitere ist rasch erzählt. Das Team präsentierte erfolgreich. Die Geschäftsleitung konnte nicht umhin, ohne „Wenn und Aber" zuzustimmen, das Team um die umgehende Ausarbeitung eines Detailkonzeptes zu bitten und den Start dieses Projektes einzuläuten. So weit, so gut.

Aber was um Gottes Willen hatte verhindert, dass die ansonsten sehr gut „regierende" Geschäftsleitung nicht schon vor einem halben Jahr erkannt hatte, welch wertvolle Ideen ihr da präsentiert wurden? Der „Fall" begann mich zu interessieren. Nach verschiedenen Gesprächen mit allen Beteiligten war die Sache klar – und typisch für viele Situationen, in denen wunderbare Problemlösungen einfach in Schubladen verschwinden und kreative Mitarbeiter nach mehreren vergeblichen

Versuchen zermotiviert aufhören, ihre Ideen einzubringen. Die betroffene Abteilung hatte einen Leiter, der sehr profilbewusst war. Er achtete streng darauf, dass alles, was aus seiner Abteilung „nach außen" (nach oben) weitergegeben wurde, ausschließlich über seinen Schreibtisch zu laufen hatte. Diese Führungskraft hatte persönliche Probleme, die sehr häufig anzutreffen sind: Angst, mangelndes Selbstvertrauen, beinahe profilneurotisches Verhalten. Letzteres stellt die Reaktion auf eine ganze Reihe von Defiziten dar. In dieser Abteilung gab es einige interne Anordnungen, die der Verwaltung eines Überwachungsstaates zur Ehre gereicht hätten. So war es auch selbstverständlich, dass der Leiter der Abteilung darauf bestand, die Arbeitsergebnisse seines Teams der Geschäftsleitung höchstpersönlich zu präsentieren. Vom Erfolg der Vorschläge war er von Anfang an nicht überzeugt gewesen, denn eine Umsetzung würde im Unternehmen ziemlich viel Staub aufwirbeln. Und nichts konnte er weniger brauchen, als unangenehm (?) aufzufallen. Mit dieser Einstellung hatte er die Idee vor Wochen ohne seine Mitarbeiter vor der Geschäftsleitung präsentiert. Da er schlecht vorbereitet und von der Sache selbst nicht überzeugt war, konnte er auch auf Zwischenfragen und Einwände nicht fachgerecht reagieren.

Der Geschäftsführer, von mir auf die erste und die zweite Präsentation angesprochen: „So, wie uns das der Abteilungsleiter verkauft hat, mussten wir ablehnen. Das Ganze sah wie eine absolute Schnapsidee aus, die er sich da ausgedacht hatte. Wie konnte ich ahnen, dass es da einen derart großen Informationsverlust gab." Nun weiß er's! In der Folge überprüften wir alle Abteilungen hinsichtlich der durch ähnliche Faktoren blockierten Teams im Unternehmen. Wir wurden mehrfach fündig. Allein die Auflösung dieser Blockaden gab den Mitarbeitern in diesem Unternehmen einen deutlichen Motivationsschub nach vorne.

Damit sehen Sie erneut, wie eine Vielzahl von – scheinbar nebensächlichen – kleinen Missständen in einem Unternehmen

in ihrer Summe ziemlich massive Auswirkungen auf Arbeits-
klima, Produktivität, und nicht zuletzt auf den Umsatz haben
kann.

Was lernen wir daraus?

Das Ganze ist schlicht ein Kommunikationsproblem. Je weiter die Unternehmensspitze vom innovativ denkenden Kern
der Mitarbeiter örtlich und mental entfernt ist, desto häufiger blockieren Kommunikationshemmnisse die Verwertung
von guten Ideen. Es gibt nachweisbare Fälle, in denen Damen
eines Reinigungsgeschwaders oder Pförtner Schlüsselideen
zur Lösung komplexer Problemstellungen präsentierten. Jedes
Mal jedoch war etwas Glück mit im Spiel. Das eine Mal
machte eine Führungskraft Überstunden. Sie kam mit einer
Putzfrau ins Gespräch und klagte ihr ihr Leid, indem sie ihr
ein Marketingproblem oberflächlich schilderte. Die Putzfrau
war sich des ungeheuren Wertes ihres – mal eben so nebenbei geäußerten – Lösungsvorschlages in keiner Weise bewusst. Sympathisch dabei ist, dass der Manager, der den Wert
der Aussage erkannte und den Vorschlag erfolgreich um-
setzte, sich bei der Dame in aller Öffentlichkeit verbal und
mit einem Geschenk bedankte. Andere hätten die Idee vielleicht als die ihre verkauft ...
Der Pförtner hatte bei einem kurzen Gespräch mit seinen Kollegen am Morgen eines Arbeitstages eine Bemerkung gemacht,
deren Inhalt die Lösung eines – für das Unternehmen sehr
unangenehmen Problems – schlagartig sichtbar machte. Diese
Bemerkung wurde von einem leitenden Mitarbeiter gehört,
der gerade seinen verlorenen Firmenausweis melden wollte.
Auch dieser Manager sah kein Problem darin, den Urheber
des Lösungsansatzes öffentlich (in der Firmenzeitung) zu
nennen und zu würdigen.

9

Wie man es nicht machen sollte:

– Privilegien demonstrieren
– Belastungen nicht anerkennen

Das nachfolgende Erlebnis schildert das Verhalten eines Unternehmensvorstandes, der es erfolgreich schaffte, ein Team während einer sehr teuren Verkaufsförderungsaktion nachhaltig zu zermotivieren.

Mehrmals im Jahr moderiere ich Veranstaltungen unterschiedlicher Art, um nicht aus der Übung zu kommen und um meine Präsentationstrainings realistisch gestalten zu können. In dieser Funktion wurde ich gebeten, eine „Roadshow" von vier wichtigen Veranstaltungen zu moderieren und dazu mit dem vierköpfigen Team der Marketingabteilung und dem Bereichsvorstand nach Fernost zu reisen.

Wir kannten und mochten uns, denn wir hatten im Vorfeld mehrmals zusammengesessen. Man traf sich am Flughafen. Ich ließ mich von meiner Sekretärin hinfahren. Zwei Mitglieder des Marketingteams reisten, trotz großen Gepäcks, per S-Bahn an. Auf meine etwas unpassende Bemerkung hin erklärte man mir, dass das Unternehmen prinzipiell keine Taxen innerhalb des Wohnortes bezahlen würde. Den Parkplatz am Flughafen allerdings auch nicht.

So kam es, dass ein Drittel der Teilnehmer schon leicht erschöpft war, als wir zu den Check-in-Schaltern gingen. Zu meinem Erstaunen trennten sich die Teilnehmer an den Schaltern der Fluglinie von mir. Während ich mich am vertraglich vereinbarten Schalter der Business Class anstellte, reihten sich die Teilnehmer bei den Touristen nebenan ein. Am Schalter wurde ich von dem mitreisenden Bereichsvorstand angesprochen. Er traf zwar erst jetzt ein, hatte sich aber seine Bordkarte bereits ins Büro senden lassen. Er begrüßte mich mit den Worten: „Willkommen im Team". Ich war eben dabei, mich wieder an andere Teilnehmer zu wenden, da zog mich der Vorstand am Ärmel in Richtung Vielfliegerlounge. Auf meinen Zuruf „Kommen Sie mit?" schüttelten zwei der vier Mitarbeiter betreten den Kopf. Später erfuhr ich, dass sie alle jedes Jahr etwa das Zehnfache ihres Vorstandes im Flugzeug unterwegs sind. Da aber das Unternehmen „normalen" Mitarbeitern nur Economyflüge genehmigte, haben sie als Vielflieger nie die Möglichkeit, eine der wenigen verfügbaren Bequemlichkeiten in Anspruch zu nehmen.

Auf dem Weg zum Ausgang tauschte ein Mitarbeiter der Fluggesellschaft meine Bordkarte gegen eine aus der first class. Ich saß so neben dem Vorstand. Die Teamkollegen sahen wir bis zu Landung nicht wieder. Sie waren irgendwo hinten zwischen den Touristen verteilt. Direkt nach der Passkontrolle am Ankunftsort wurden wir von zwei Herren der lokalen Vertretung empfangen. Sie halfen uns rasch und unauffällig, unser Gepäck in einen bereitstehenden Straßenkreuzer zu verstauen. Unser Gepäck! Denn das Marketingteam schleppte seine Koffer und das Präsentationsmaterial zur Haltestelle des Hotelbusses. An der Rezeption – für den Vorstand und mich war alles vorbereitet, das Team stand Schlange –, bemerkte der Vorstand mit Blick auf seine nach acht Stunden Flug in der Tourist Class müde aussehenden Mitarbeiter: „Na, Frau XYZ, Sie sehen ja so geschafft aus? Freuen Sie sich nicht? Urlaub Gratis!" „Schon wär's!", antwortete die Dame. „Wir müssen jetzt erst noch den Saal für morgen herrichten!" Sprach's, seufzte verstohlen auf und schleppte sich mit ihrem Gepäck in Richtung Aufzug.

Drei Stunden später hatten wir (das Marketingteam und ich) es geschafft. Der Saal war hübsch dekoriert. Es war dreiundzwanzig Uhr. Alle waren reif fürs Bett. Da betrat, einen gut aussehenden Drink in der Hand und von lokalen Repräsentanten begleitet, der Vorstand den Saal. „Also meine Damen

Motivieren heißt ...

... Mut machen,

... zusammen planen,

... miteinander arbeiten,

... einander trösten,

... einander anerkennen,

... zusammen begeistert sein,

... Erfolge gemeinsam erleben,

... Erfolg gemeinsam feiern.

und Herren, die Bar hier müssen Sie sich einfach ansehen! So etwas Gemütliches habe ich noch nie erlebt." Konsternierte Blicke unter den Teammitgliedern. Aber das war noch nicht alles. Unser Vorstand blickte sich im Saal um und fing dann an, Sonderwünsche anzumelden. Das Rednerpult solle an einen neuen Platz, der Zeitplan müsse noch korrigiert werden und außerdem sei bei den Pressemappen für morgen noch einiges zu ändern. Bei zahlreichen Änderungswünschen war klar zu erkennen, dass es ihm nicht um eine Verbesserung ging, sondern um das Demonstrieren des „etwas-bewegen-zu-können". Es fiel ihm dabei nicht auf, dass sich das Team kaum mehr auf den Beinen halten konnte. „Also meine Damen und Herren, wir wollen morgen einen guten Eindruck machen!" entfuhr es dem Herrn. Und dann: „Was ist, Herr Maro: Lust auf einen dieser wunderbaren Cocktails? Kommen Sie! Sie müssen diese Hotelbar einmal sehen." Todmüde und widerwillig ging ich mit.

In diesem Stil ging es auch am nächsten Tag weiter. Während der Herr Vorstand am Rednerpult jedes Mal seinem hervorragenden Team dankte und betonte, wie wohl er sich als Mitglied darin fühlte, bestand er außerhalb der Präsentationen sehr gezielt auf Distanz. Er nahm wie selbstverständlich alle Privilegien an, die ihm seine lokalen Vertreter unterwürfig anboten. Stadtbesichtigungen, die wir im klimagekühlten Luxusmobil absolvierten, sollten die anderen selbst bezahlen. In Einladungen von Botschaften zu Kaffee und Kuchen wurde das Team erst eingeschlossen, nachdem ich mich über den Herrn hinweggesetzt und die vier anderen einfach mitgebracht hatte. Während das Team nach Mitternacht das Material verpackte, erschien unser Vorstand dreimal mit anfeuernden Parolen. „Keine Müdigkeit vorschützen". Und – nachdem das Team mit drei Stunden Schlaf am Flughafen zur Weiterreise erschien, hieß es: „Na, Herr XY, Sie sehen ja richtig erholt aus. Was sollen die Kollegen zu Hause denken?" Auf diese Art ging es tagelang weiter.

Irgendwann murmelte eine Mitarbeiterin in mein Ohr: „Wenn der nicht bald seine Klappe hält, schmeiße ich ihm den Kram hin! Er sonnt sich am Pool und wir malochen. Aber wenn dann einer die Veranstaltung lobt, dann ist er es, der die Blümchen bekommt!" Andere, die mithörten, nickten und bestätigten: „Monika, hast Du jemals etwas anderes von unserem Oberen erlebt?"

Was lernen wir daraus?

Nein – nicht, dass Sie als Führungskraft auf Annehmlichkeiten verzichten sollen! Sie müssen sich jedoch bewusst sein, dass diese für Mitarbeiter, die sie nicht genießen können, eine Provokation darstellen. Unser Vorstand hätte nur dafür sorgen müssen, dass es dem hart arbeitenden Team an nichts fehlt. Ein unerwartetes Tablett mit appetitlichen Brötchen um Mitternacht, oder ein aufmunterndes: „Liebe Kollegen, jetzt lassen Sie erst einmal alles für ein paar Minuten liegen und kommen mit mir zusammen in die Bar. Ich möchte mich dort bei Ihnen bedanken. Danach packen wir alle zusammen (!) noch einmal kurz an!" hätte sicher Wunder bewirkt.
Sie müssen sich bewusst sein, dass es wie Hohn in den Ohren Ihrer Mitarbeiter klingen muss, wenn Sie sich als Mitglied eines Teams vorstellen und zugleich diesem Team ehrliche Anerkennung und kleine Dankeschöns in Form von ungewöhnlichen Arbeitserleichterungen verweigern.

10

Wie man es nicht machen sollte:

– **Unruhe stiften**

Es ist schon ein paar Jahre her, da erlebte ich, wie ein Topmanager es schaffte, Motivationsschäden anzurichten, an
denen seine Nachfolger heute noch zu knabbern haben. Was
er praktizierte, nennt Klaus Kobjoll, erfolgreicher Hotelier
und Berater, treffend „Management by Hubschrauber". Dieser
Manager pflegte die Unsitte, über Nacht irgendwelche neuen
Ideen auszubrüten und dann ein riesiges Heer von Mitarbeitern damit zu beschäftigen.

Auf diese Weise hatte er jedoch bald den Überblick verloren
und begann, selbst überall einzugreifen, um die Dinge zu be-
schleunigen. Da er jedoch unmöglich alles im Kopf behalten
konnte, was er da angeleiert hatte, begann er, seine Mitarbeiter immer mehr dirigistisch zu kontrollieren. Wo immer er
auftauchte, generierte er hektischen Aktionismus. Er küm-
merte sich als Vorstand (!) um Dinge, die nun wirklich nicht
seine Sache waren. Ob es die Farbe einer Hallentür war, die
Gestaltung eines Arbeitsbereiches, die Beleuchtung eines
Messestandes, die Form einer Torte in der Kantine und mehr
von dieser Wichtigkeit.

Dieser Herr hatte allerdings noch eine weitere Eigenschaft,
die sein Handeln erst richtig gefährlich machte. Als ehemals
„gelernter" Politiker war er es gewohnt, Privilegien zu verlangen und zugleich Existenzdruck auszuüben. Wer Wider-
worte wagte, konnte sich seines Verbleibens im Unternehmen
nicht mehr sicher sein – manchmal auch mit mehrmonatiger
Verzögerung.

Dies führte dazu, dass viele im Unternehmen erst einmal
alles stehen und liegen ließen, wenn sich der Herr Manager

Wenn eine neue

Maßnahme

umgehend positive

Wirkung zeigt,

liegt der Fehler tiefer!

ankündigte und, die dann in hektischen Aktionismus verfielen, um einen guten Eindruck zu hinterlassen. Sie merkten oft nicht, dass der Herr am Ergebnis, der von ihm forcierten Aktivitäten überhaupt nicht interessiert war. Oft konnte er sich an seinen eigenen Unsinn schon nach Tagen nicht mehr erinnern und kritisierte Arbeitsergebnisse, die genau den – von ihm kurz zuvor verlangten – Maßnahmen entsprachen.

Da Menschen bekannterweise imitieren, was Vorgesetzte vorleben, griff diese Handlungsweise auch bald auf untere Managementebenen über. Man kann sich gut vorstellen, wie lange es dauerte, bis es im Unternehmen nur noch drei Gruppen von Mitarbeitern gab:

- Solche, die versuchten, durch immer unsinnigere Ideen den Manager auf ihre angebliche Kreativität aufmerksam zu machen.
- Solche, die stur alles stehen und liegen ließen, um wieder einmal eine neue Idee ihres Oberchefs in Angriff zu nehmen, und die mit der Zeit auf einer Unmenge angefangener und nie vollendeter Projekte saßen, und
- solche, die innerlich längst gekündigt hatten, die sich aber aufgrund guter Bezahlung einfach in Aktionismus ergingen, um in Ruhe gelassen zu werden.

Das Unternehmen kämpft heute noch mit Spätfolgen dieses Managers, der vor einiger Zeit mit einer hohen Abfindung entlassen und dann in den Aufsichtsrat desselben Unternehmens „gelobt" wurde. Von dort aus kontrolliert er nun seinen eigenen Nachfolger …

Was lernen wir daraus?

Tun Sie's nicht!!!

11

Wie man es nicht machen sollte:

– Leugnen

Ein Fall aus den Amtsstuben eines deutschen Katasteramtes. Ein neuer Abteilungsleiter und sieben Mitarbeiter. Alle haben reichlich zu tun. Da muss sich um Straßennamen ebenso gekümmert werden, wie um die Bearbeitung von Bebauungsplänen. Das ganze Sachgebiet ist nicht uninteressant.

Eines Tages ruft der neue Abteilungsleiter – er ist erst etwa eine Woche in Dienst – plötzlich alle Mitarbeiter zu sich und erklärt ihnen, dass sie ab sofort eine ganze Menge anders zu machen haben. Er wünscht, dass in Zukunft dieser Vorgang auf diese Art und jener auf eine andere abgewickelt werden soll. Außerdem wünscht er ab sofort über jeden, aber auch wirklich über jeden Arbeitsvorgang informiert zu werden. Dies bedeute zwar für die Mitarbeiter eine ganze Menge Umstellung, aber als gut eingespieltes Team sollte eigentlich nicht viel schief gehen.

Die Ernüchterung kam aber relativ rasch. Als eine Mitarbeiterin einen fertigen Arbeitsvorgang wie „befohlen zur Kontrolle" bringt, wird sie umgehend „zur Schnecke gemacht"! Wortwörtlich heißt es da: „Was soll der Blödsinn!?" Die Antwort: „Aber Sie haben uns doch letzte Woche gesagt, dass Sie das genau so wünschen!" „So ein Blödsinn. Das habe ich nie gesagt!", antwortet der neue Chef. „Was Sie da gemacht haben, können wir so nie rausgehen lassen! Ändern Sie das sofort, indem Sie vor allem die ..." Konsterniert verlässt die ansonsten sehr routinierte Mitarbeiterin das Büro des Chefs. Dieser Vorfall sollte sich in den nächsten Wochen vielfach wiederholen. Anweisungen, die vorgestern noch gegolten hatten, wurden gestern umgeworfen, die „Verursacher" zusammengestaucht, um dann heute schon wieder neu erdachte Verfahren ihres Chefs berücksichtigen zu müssen, an welche sich dieser am nächsten Morgen nicht mehr erinnern konnte (oder wollte?).

In der Folge kam es in dieser Abteilung zu großen Verunsicherungen. Dann begannen die Mitarbeiter, über jedes noch so kleine Gespräch mit dem Abteilungsleiter Gesprächsnotizen anzulegen, da dieser inzwischen zu massiven Drohungen griff, wenn wieder einmal etwas nicht richtig gemacht war (obwohl er es bis gestern genau so gewünscht hatte). Dies wiederum führte zu einem riesigen, eine effektive und professionelle Arbeit behindernden Papierkrieg. Zermotivierung ist damit vorprogrammiert.

Was lernen wir daraus?

Solche Verhaltensweisen wie das Leugnen von Äußerungen und mündlichen Anordnungen vermindern die Produktivität ganzer Unternehmensbereiche erheblich. Sie verunsichern die Mitarbeiter. Das Problem dabei ist, dass die Gründe nur sehr schwierig zu eruieren sind. Hier helfen Fragebogen kaum. Nur in Gesprächen mit den Mitarbeitern werden recherchierende Berater auf die richtige Spur kommen.

Wohlfühlen ist

motivierender

als eine

Gehaltserhöhung.

Eine kleine, aber erschreckende Sammlung von zermotivierenden Alltäglichkeiten

Wenn Sie Ihr Unternehmen (Ihre Abteilung) nach zermotivierenden Situationen und Faktoren durchsuchen möchten, so sollten Sie – neben einer Mitarbeiterbefragung – auf die nachfolgend geschilderten Situationen achten. Kommen sie immer wieder vor, so müssen Sie umgehend für Veränderungen sorgen, wenn Ihnen Ihr Bereich und Ihre Mitarbeiter lieb und wert sind:

- **Loben und Tadeln von Mitarbeitern – im Beisein von anderen Personen**
  Lob darf für eine bestimmte Person im Kreis von Kollegen nur ausgesprochen werden, wenn diese das Lob auch wirklich allein verdient. Sobald jemand im Beisein einer anderen Person gelobt wird, die auch etwas zum Grund des Lobes beigetragen hat, zermotivieren Sie automatisch diese andere Person! Gleichzeitig ist das Lob für den Empfänger unangenehm, weil er sich zwar einerseits darüber freut, andererseits aber genau weiß, dass es nicht sein alleiniges Verdienst ist.
  Tadel und Kritik einzelner Personen gehören in Gespräche unter vier Augen und nicht in Besprechungen oder Zusammentreffen in Kaffeeküchen. Kritisieren Sie als Führungskraft nie einen Mitarbeiter vor dessen Kollegen! Weder in seinem Beisein noch ohne ihn. Sie kompromittieren alle Beteiligten und öffnen der Gerüchteküche und dem Mobbing Tür und Tor. Abgesehen davon werden Sie erleben, dass sich Ihre Mitarbeiter recht schnell mit dem scheinbar Schwächeren solidarisieren.

- **Verpetzen**

  Es geschieht täglich in Unternehmen aller Größen: Ein Mitarbeiter beschwert sich über einen Kollegen bei dessen Vorgesetztem. Dieser ruft sofort den „Angeklagten" zu sich und feuert ihm die Beschwerde unter Namensnennung des Anklagenden (oder noch schlimmer – im Beisein desselben) entgegen. „Was haben Sie dazu zu sagen?" lautet die „motivierende" Drohung. Das passiert noch schneller, wenn sich ein gleichrangiger Manager bei seinem Kollegen über einen seiner Mitarbeiter beschwert.

  Sie brauchen sich in so einem Fall nicht zu wundern, wenn bei derartigem Führungsverhalten innerhalb weniger Tage ganze Abteilungen zermotiviert werden.

- **Verfälschen von Initiativen**

  Mitarbeiter machen einen erfolgversprechenden Verbesserungsvorschlag. Ihr Vorgesetzter lehnt ein Einreichen oder Vorstellen vor übergeordneten Stellen ab, „weil wir das hier von denen sowieso nicht genehmigt bekommen!" Später initiiert er die gleiche Idee unter eigenem Namen und wird daraufhin vor allen (manchmal sogar im Beisein seiner Abteilung) gelobt …

  So etwas passiert relativ oft. Geschieht dies auch nur ein einziges Mal, so werden die engagierten Mitarbeiter nie wieder die Initiative ergreifen, kreative Lösungsvorschläge zu erarbeiten! Das Problem für Sie als höhere Führungskraft besteht darin, dass Sie die genauen Zusammenhänge selten erkennen können. Bestehen Sie deshalb in solchen Situationen immer darauf, dass der Vorgesetzte dieser Abteilung die Vorschläge zusammen mit den Mitarbeitern präsentiert.

- **„Der hat ein Frauenproblem"**

  Chauvinismus ist ein Verhaltens-Notprogramm von Menschen, die mit dem anderen Geschlecht nicht wertneutral umgehen können (es gibt übrigens auch einen ausgeprägten weiblichen Chauvinismus Männern gegenüber). Innerhalb eines Teams regelt sich das Problem meist von allein. Kritisch wird es, wenn eine Führungskraft chauvinistische Tendenzen zeigt.

Es gibt ein grundsätzliches Problem jeder Kommunikation: *Entscheidend ist nicht, was Du sagst oder tust, sondern das, was andere verstehen oder hinein interpretieren.* So sind Konflikte oft vorprogrammiert.

Da zahlreiche weibliche Mitarbeiter (leider) noch immer nicht die Courage besitzen, sich dagegen aufzulehnen, führt auch dieses Verhalten rasch zu Zermotivierung.

- **Scheinbares oder tatsächliches Desinteresse**
  „Dem ist doch ziemlich egal, was in seiner Abteilung passiert. Hauptsache, er steht nach außen gut da!" Vielen Managern ist das eigene Hemd wesentlich näher als das ihrer Mitarbeiter.

  Das mag sogar manchmal verständlich sein, wenn man in so manchem Unternehmen die Führungsfehler und Kulturdefizite der allerobersten Damen und Herren betrachtet.

  Aber solche Sätze werden Sie als Führungskraft eines oberen Bereiches sehr selten hören. Meist wird eine untergeordnete Führungskraft alle möglichen Ausreden für schlechte Arbeit in ihren Bereichen finden. Nur den wirklichen Grund nicht: eigene fehlerhafte Führungskommunikation. Dieses Problem kann in der Praxis nur durch eine Mitarbeiterbefragung erkannt werden.

- **Manche loben, viele vergessen**
  Führungskräfte sitzen bei betrieblichen Veranstaltungen immer in der ersten Reihe. Abgesehen davon, dass dies sowieso Unsinn ist, denn sie nehmen damit denjenigen die Sicht, für die diese Veranstaltungen meistens gedacht sind. Außerdem vergeben die Führungskräfte eine wich-

Jesus hat mit
12 Analphabeten eines
der größten Unternehmen
der Welt gegründet.

Dies hat er geschafft,
weil er eine gemeinsam
getragene Vision entwickeln
konnte und weil er der
Gruppendynamik vertraute.

tige Chance, das Verhalten von Mitarbeitern aus einer anderen Perspektive zu beobachten.

Es ist gar nicht so lange her, da saß ich als Gast in einer Veranstaltung, bei der – wie so oft – wieder einmal die berühmten zehn Besten geehrt wurden. Die zehn Damen und Herren wurden auf die Saalbühne gebeten, nach allen Regeln der Kunst hochgelobt und als nachahmenswertes Beispiel präsentiert, mit Blumen, Klubnadeln und Kuverts geschmückt und mit diversen Händedrücken von Vorständen versehen. Wenn man das ganze Geschehen an der hinteren Saalwand stehend beobachtete, fiel einem sofort auf, dass nur etwa ein Drittel der Kollegen im Saal applaudierte. An vielen Tischen hob sich keine Hand und viele drehten der Bühne demonstrativ den Rücken zu! Alles deutliche Zeichen für passive Resistenz.

Wie es die anderen machen – oder von anderen lernen

Es kommt gar nicht so selten vor, dass sich zwischen meinen Kunden und mir aus intensiver gemeinsamer Arbeit private Vertrautheit entwickelt. Nach Stunden konsequenten Arbeitens bleibt oft noch Zeit, sich auch einmal ohne zielgerichtetes Denken zu unterhalten. Dann hat man als Coach eine gute Gelegenheit, den Menschen hinter dem Topmanager zu entdecken. Man spricht über Ethik, Unternehmenskultur, Ängste und Triumphe und auch über so manche grundsätzlichen Überlegungen, die hinter Entscheidungen steckten. Abgesehen davon, dass ich als Coach in diesen Momenten oft selbst auch eine Menge lerne, kann ich dann über Probleme diskutieren, mit denen ich an anderer Stelle zu tun habe.

Gerne stelle ich dann Führungskräften immer die gleiche Frage: „Wie stellst Du es an, dass Deine Mitarbeiter ungewöhnlich hoch motiviert sind – und es auch lange Zeit bleiben?" Auf den nachfolgenden Seiten werden wir einige der Antworten hören. So wie ich aus dem Know-how anderer viel lerne, so sollten diese Aussagen und Erfahrungen auch für Sie von großem Wert sein. Nur weil ich dieses Buch schreibe – und bis heute keines meiner Projekte „in den Sand gesetzt habe" – heißt dies noch lange nicht, dass es nicht Führungskräfte gibt, die mich – zumindest in puncto Führungsqualität – arbeitslos machen würden ...

„Einfach loslassen!!!"

Mehrmals im Jahr treffe ich im Rahmen von Veranstaltungen den ehemaligen Trainer einer Ski-Nationalmannschaft. Dabei kommen wir immer wieder auf das Thema Motivation zu sprechen. Denn er ist nicht nur ein Trainer, dessen Stretchingübungen Sportlern wie Managern regelmäßig das Wasser in die Augen treiben. Er ist bekannt dafür, dass er es schafft, bei Menschen in relativ kurzer Zeit das Gefühl der Resignation und der Mutlosigkeit verschwinden zu lassen. Einmal stellte ich ihm die Frage: „Wie hast Du eine Renn-läuferin wieder aufgebaut und dazu gebracht, erneut ihr Bestes zu geben, obwohl sie zum Beispiel die letzten fünf Mal im Slalom mehr oder weniger kläglich ausgeschieden ist?

Die Antwort war kurz und bündig: „Ich sage ihr, sie soll einfach loslassen!" Er bemerkte meinen fragenden Blick und erklärte ausführlicher, was er damit meint. „Ein Rennläufer ist meistens starken emotionellen Schwankungen unterworfen. Solange der Rennläufer seine Motivation zum Sieg fast ausschließlich aus dem persönlichen sportlichen Ehrgeiz bezieht, das sich selbst gesteckte Ziel (einen Platz im Rennkader der Besten, also in der Nationalmannschaft) zu erreichen, ist der Leistungsdruck für ihn gut zu kontrollieren und zu beherrschen. Kaum aber fährt der Rennläufer in einem der Spitzenteams, die im Rampenlicht stehen, wird der psychologische Druck auf den Sportler enorm. Er wird immer größer, je weiter er sich aus dem Mittelfeld der Rangliste entfernt und wird weitgehend durch das Umfeld aus Betreuern, Sponsoren und durch die Medien hervorgerufen. Kaum ein Gespräch, bei dem der Gewinner eines Rennens nicht direkt nach der Gratulation gefragt wird, wie denn die Aussichten für das nächste Rennen sind. Kaum ein Gespräch mit einem Verlierer, bei dem er nicht von Journalisten irgendwelche Gründe für sein „Versagen" in den Mund gelegt bekommt

Es ist unmöglich,

etwas idiotensicher

zu machen,

weil Idioten

so genial sind.

Gelesen im „Stern"

und bei dem nicht direkt Vergleiche mit den Besten gezogen werden.

Nur wenige der Verlierer haben das Selbstbewusstsein, diesem Druck mit Souveränität und Distanz zu begegnen. Auch hat man ihnen selten beigebracht, wie man sich als „Person des öffentlichen Interesses" verhält. Die meisten Sportler sind diesem Bombardement von klugen Ratschlägen und versteckten Vorwürfen kaum gewachsen. Was dann fast zwangsläufig kommt, ist ein verbissener Kampf, um aus diesem Geruch des Verlierers beziehungsweise Mittelmäßigen herauszukommen oder um keinen Preis in diesen hineinzugeraten.

Mit Verbissenheit und Verkrampfung jedoch wird der Sportler sein Ziel sicher nicht erreichen. Er wird entweder zu vorsichtig fahren, um nicht zu stürzen – und damit zu langsam sein – oder er wird alles riskieren, dabei die einfachsten Regeln der Kunst vergessen – und wahrscheinlich ausscheiden.

Die Hauptaufgabe eines Trainers ist die eines Coaches. Dem gewohnten Umfeld der Familie frühzeitig entrissen, fehlt dem Sportler oft der – emotionell so wichtige – Vertraute. Aufgabe des Coaches ist es also auch, dem Sportler emotional zur Seite zu stehen und ihm den „mentalen Rücken" frei zu halten."

Der Trainer zu meiner erneuten Frage nach der Motivation eines entmutigten Sportlers: „Alles, was ich versuchen musste war, meinem Schützling den Weg zurück zu professionellem, aber locker sportlichen und nicht so tierisch ernstem Selbstverständnis aufzuzeigen. Ein Sportler muss Spaß am Skifahren, Spaß am Rennfahren haben. Der Leitsatz müsste heißen: ›Das wäre doch gelacht, wenn ich das nicht hinbekommen würde, endlich einmal da vorne mitzufahren.‹ Und nicht, der Fremdsteuerung von Sponsoren und Presse folgend: ›Ich muss heute unbedingt gewinnen!‹ Dies besprachen wir in ausführlichen Vieraugengesprächen bei Spaziergängen, in Trainingspausen oder bei Plaudereien in kleinen ver-

Glauben Sie

nicht an Wunder –

verlassen Sie sich

auf sie!

trauten Gruppen. Je legerer und vertrauter so ein Gespräch geführt wurde, desto erfolgreicher war es. Feurige Appelle halfen da wenig."

„Spaß haben!!!"

Ein langjähriger Freund von mir ist einer der Topmanager, die eine erfolgreiche „Führungskommunikation" praktizieren und von denen es viel zu wenige gibt. Er ist Geschäftsführer der deutschen Tochter eines amerikanischen Weltkonzerns.

Mit der schwierigen Aufgabe angetreten, ein Unternehmen mit „Ladehemmung" innerhalb kurzer Zeit an die Spitze zu führen, ließ er sich nicht auf die allseits praktizierten Methoden ein, Verkäufern den „Incentive-Tausendmarkschein" vor die Nase zu halten und zugleich hinter dem Rücken die Keule aufblitzen zu lassen. Er ist ein Mensch, der das Leben liebt, seinen Job als sportliche (!) Herausforderung ansieht, der voll zu seinen Stärken und Schwächen steht und der alles dies bewusst nach außen vorlebt.

Ich habe noch wenige Unternehmen erlebt, in denen so offenherzig über Probleme diskutiert wird. Die Pflege von Herrschaftswissen durch Führende findet nicht (oder kaum) statt. Jeder im Unternehmen hat tatsächlich (!) jederzeit die Chance, sich zu jedem Thema einzubringen.

In diesem Unternehmen wird ein unglaublich hoher Prozentsatz der verfügbaren Gelder in Trainings aller Art gesteckt. Unterstützt von einem hervorragenden Personalentwickler baut er permanent an diesem Motivationsgebäude weiter und ist stets bemüht, seine Mitarbeiter zum Lernen anzuhalten.

Dazu sagt er: „Warum trainiert der Tennis-Weltranglistenerste mehr als andere Tennisspieler? Müsste er doch eigentlich gar nicht. Er ist doch schon einer der besten Spieler der Welt.

Die Praxistauglichkeit
eines Konzeptes
steht im umgekehrten
Verhältnis zur Länge
der Beschreibung.

Wenn schwache Spieler trainieren, um sich zu verbessern, scheint dies logisch. Aber wozu schinden sich noch die Besten? Weil sie wissen, dass man – je größer die Anforderungen werden – und je härter die Konkurrenz ist, die von unten nachdrängt – immer mehr tun muss, um vorne mit dabei zu bleiben. Also muss ich dafür sorgen, dass meine Mitarbeiter – je weiter vorne wir sind – immer bessere und qualifiziertere Trainingsmöglichkeiten und Sparringspartner bekommen."

Vor einigen Monaten wurden für alle Servicetechniker optisch unauffällige und schwach motorisierte Dienstwagen zugunsten von schnittig aussehenden und äußerst komfortablen Wagen einer als Nobelmarke bekannten deutschen Firma ersetzt. Diese Entscheidung würde bei Führungskräften anderer Unternehmen konsterniertes Kopfschütteln hervorrufen. Der Manager: „Meine Mitarbeiter im Außendienst verbringen einen sehr großen Teil ihres Lebens im Auto. Wenn ich möchte, dass meine Kollegen (!) auch nach Stunden im Stau noch einigermaßen fit am Abend ihr Privatleben antreten können, wenn ich möchte, dass sie am nächsten Morgen gerne in ihren Dienstwagen steigen und zum Kunden fahren, dann muss ich dafür sorgen, dass diese Zeit im Wagen auch etwas Spaß macht."

Auf meine Frage nach der Kostenseite bekam ich zur Antwort: „Das Ganze ist gar nicht so teuer. Ich liebe ›Deals‹. Deshalb habe ich mich in die Verhandlungen mit dem Autohändler persönlich eingeschaltet. Über 100 Dienstwagen sind ja nun nicht gerade wenig für den Händler. Und nachdem dieser begriffen hatte, dass wenig von viel immer noch mehr ist als viel von gar nichts, war das Geschäft perfekt. Gleiches ›Verständnis‹ konnte ich auch bei der Versicherung hervorrufen. Schließlich gibt es ja viele Versicherungen ... Und nicht zuletzt – die Kosten für dieses Projekt rechnen sich schon ab der ersten Sekunde. Indem ich jetzt Mitarbeiter beim Kunden habe, die stolz auf ihr Unternehmen, auf ihren

Chef – und vor allem – auf sich selbst sind. Denn die neuen Wagen heben auch das Selbstwertgefühl. Das wiederum strahlt auf alle Aktivitäten positiv ab.

Als Geschäftsführer muss ich jetzt – in guten Zeiten – die Motivationsgrundlagen legen und eine positive Identifikation mit dem Unternehmen ermöglichen, die uns am Leben erhalten wird, wenn wir irgendwann einmal nicht mehr aus dem Vollen schöpfen können, sondern ›den Wind von vorne‹ bekommen sollten."

Diesen Worten ist nur wenig hinzuzufügen. Zu bemerken ist, dass in diesem Unternehmen regelmäßig Mitarbeiterbefragungen stattfinden, dass Hierarchie kaum spürbar ist – und dass der Betriebsrat mit dem Gedanken an eine Versetzung ins Ausland kokettiert …

„Tun Sie's einfach!!!"

Ein anderer Freund ist Eigner und Kopf eines Unternehmens, das sich mit Anlageberatung sowie dem Verkauf von Finanzierungsmodellen und Versicherungen beschäftigt. Vor einigen Jahren stagnierten nicht nur die Umsätze. Ernste Anzeichen von mangelndem Elan und fehlender Motivation waren erkennbar. Beides aber wurde immer dringender benötigt, um den täglich härter werdenden Anforderungen gerecht zu werden.

Als wir uns kennenlernten, fand ich ein Unternehmen vor, das nach Spielregeln geführt wurde, die sich zwar über Jahrzehnte hinweg bewährt hatten, die aber heute, in Zeiten extremer und rascher Veränderungen langfristig einfach nicht mehr funktionieren können. Früher konnten motivierende Anreize noch lange Zeit ohne Anpassung eingesetzt werden. Es reichte dazu oft, den Mitarbeitern eine Geldprämie (möglichst in bar) vor die Nasen zu halten. Dass diese Motivation immer nur sehr kurzfristige Wirkung zeigt, haben viele Unternehmen bis heute nicht begriffen. Heutzutage sieht die Sache nämlich anders aus. Hart arbeitende Menschen sind einer Vielzahl von Zwängen und Anforderungen ausgesetzt, die sie rascher hochsensibel reagieren und schneller resignieren lassen.

Mein Freund stand also vor einer heiklen Aufgabe. Was er vorhatte, konnte nur mit massiven, in kurzer Zeit wirkenden Maßnahmen erreicht werden. Zum einen musste das Unternehmen neu strukturiert werden. Der bisherige Aufbau machte es fast unmöglich, neue Zielgruppen zu erschließen und auf Trends rasch zu reagieren. Zum anderen musste man sich von den gewohnten Verkaufsmentalitäten befreien. Bisher wurde in diesem Unternehmen – wie in allen vergleichbaren – extrem dirigistisch regiert und gehandelt. Die neuen Wege waren nur realisierbar, wenn auch hier umgehend neue Handlungsweisen Einzug halten würden. In gemeinsamer Arbeit legten mein Freund und ich sowohl die Grundstruktur als auch die ethisch kulturelle Ausrichtung des neuen Unternehmens fest. Dann war ich aus beruflichen Gründen gezwungen, ihn und seine neu gebildeten Teams allein zu lassen.

Als ich den Geschäftsräumen nach etwa zwei Monaten wieder einen Besuch abstattete, traute ich meinen Augen nicht. Es gab so gut wie nichts, was sich nicht geändert hatte. Auf die Veränderungen und ihre Auswirkungen angesprochen, erklärte er mir, was alles – wie und warum – passiert war: „Mir war klar, dass ich mit den bisherigen Motivationswegen einfach nicht mehr vorankam. Zugleich mit der bisherigen Fixierung auf irgendwelche Konkurrenzverhältnisse zwischen den Mitarbeitern habe ich auch die Einsamkeit der ›Einzelkämpfer‹ aufgebrochen. Wir arbeiten in mehreren ›Winning Teams‹, die gemeinsame Ziele haben und nur spielerisch gegeneinander konkurrieren. Vieles lässt sich so gemeinsam rascher lösen. 120 Gehirne haben sicher mehr Ideen als ein einzelnes. Nicht zuletzt habe ich erkannt, dass unsere alten Geschäftsräume ein Wohlfühlen verhinderten. Hier war jahrelang nichts mehr optisch verändert worden. Nun haben wir gemeinsam dafür gesorgt, dass unsere Arbeitsumgebung fast wohnlicher ist als unser Zuhause. Auch entspricht diese neue Umgebung mehr den Erwartungen der von uns nun angesprochenen Zielgruppen. Alle in den Teams sind inzwischen stolz, dabei zu sein."

Zu bemerken bleibt, dass sich das Unternehmen inzwischen auf neue Umgangsformen und Spielregeln eingepegelt hat. Die Umstellungsphase dauerte nicht länger als ein Quartal. In dieser Zeit hatten alle Beteiligten die Möglichkeit, gepflegte Streitkultur zu entwickeln und den *Musketeer-Effekt* („Einer für alle, alle für einen") zur Unternehmensphilosophie zu machen. Mitarbeiter und Führungskräfte, die sich nicht mit den neuen Wegen identifizieren konnten, sind aufgrund eigener (!) Erkenntnisse ausgeschieden. Die verbliebenen Teams agieren konstruktiv und produktiv. Steigende Umsatzzahlen sind ein netter Nebeneffekt ...

Fazit

Sicher ist Ihnen aufgefallen, dass ich wesentlich mehr negative Beispiele für das Zermotivieren aufgeführt habe als positive. Diese Relation entspricht aber auch durchaus dem im Alltag vorkommenden Verhältnis.

Sie haben es sicher auf den vorhergehenden Seiten erkannt: Zwischen dem Trainer einer Ski-Nationalmannschaft und einer Führungskraft besteht soviel Unterschied nicht! Die fachliche Unterweisung stellt nur einen winzigen Teil der Arbeit eines Trainers oder einer Führungskraft dar. Meist fährt der Rennläufer ohnehin besser als der Trainer. So mancher Mitarbeiter in Unternehmen kennt die Materie besser als sein Vorgesetzter. Eine gute Führungskraft investiert einen großen Teil ihrer Zeit in das Coaching, in die Betreuung ihrer Mitarbeiter. Ich spreche hier absichtlich von Betreuung und nicht von Motivation oder – wie mir ein Manager einmal beschrieb – von „Dampf machen!".

Es sind eine Menge Bücher zum Thema Coaching auf dem Markt. Lesen Sie sich in dieses Thema ruhig ein. Aber vergessen Sie dabei bitte nicht, dass Sie es mit Menschen zu tun haben! Zu rasch wird die Arbeit mit den Mitarbeitern zum Testfeld für irgendwelche obskuren Theorien. Coaching besteht zum großen Teil aus simplem Querdenken, aus dem Vernetzen einzelner Denkansätze und Ideen, aus Anerkennen und Mutmachen. Und genau dies sollten Sie bei Ihren Mitarbeitern tun. Grundvoraussetzung für die Anwendung ist jedoch das wirkliche Kennenlernen der Ihnen anvertrauten Menschen. Mehr dazu in anderen Kapiteln dieses Buches.

Besser heimlich

schlau,

als unheimlich

dumm!

Erste Schritte
zum Erfolg

Nachdem wir uns diverse schlechte und gute Beispiele aus meinem beruflichen Alltag angesehen haben, lade ich Sie ein, mit mir in meinem Werkzeugkasten zu kramen und einige passende Instrumente herauszusuchen.

Diese Werkzeuge können eines mit Sicherheit nicht bewirken: Die Etablierung einer langfristig wirkenden und überaus motivierenden Kommunikationskultur, die ihrerseits Grundbedingung für engagierte Mitarbeiter ist. Aber sie werden Ihnen mit einer relativ hohen Wahrscheinlichkeit helfen, erste Schritte auf dem Weg zum Erfolg wirksam werden zu lassen. Wir werden uns diese Werkzeuge genau ansehen, ihre Vor- und Nachteile erkennen und ihre Handhabung besprechen.

ACHTUNG: Alle Werkzeuge bergen die Gefahr, nicht nur unabsichtlich falsch angewendet, sondern bewusst zweckentfremdet und mit unehrlicher Berechnung eingesetzt zu werden. Mit Schraubenziehern können Sie Türen aufbrechen, mit Hämmern Menschen erschlagen und mit Messern Flugzeuge entführen. Trotzdem wäre es töricht, diese Werkzeuge aus unserem Leben zu verbannen.

Mit den hier nachfolgend aufgeführten Werkzeugen ist es ähnlich: Wenn Sie Umfragen starten, um bestimmten Menschen am Zeug flicken zu können; wenn Sie bestimmte Maßnahmen nur ergreifen, um kurzfristig messbare Erfolge zu erzielen, so missbrauchen Sie diese Werkzeuge.

Mein Kollege Reinhard K. Sprenger stellt die These auf: „Alles Motivieren ist Demotivieren". Diesem Satz ist wenig entgegenzusetzen. Für seine Motivation ist erst einmal jeder selbst zuständig. Es liegt jedoch an Ihnen als Führungskraft, den Ihnen anvertrauten Mitarbeitern eine Chance zu geben, sich selbst (trotz Leistungsdruck und Angstgefälle) zu motivieren. Jemandem eine Chance geben heißt aber auch, die Bedürfnisse, Nöte und Wünsche dieses Menschen ehrlich anzuerkennen und die – hier in diesem Buch weiter hinten vorgeschlagenen – Werkzeuge helfend einzusetzen. Manche Werkzeuge sehen gar nicht aus wie Werkzeuge. So zum Beispiel die Hilfestellungen im nächsten Kapitel.

Wie finde ich bloß heraus …

… ob meine Mitarbeiter noch mit vollem Herzen bei der Sache sind?

Bevor wir uns dieser Frage widmen, sollten wir erst zwei andere Dinge herausfinden:

1. Wie werden Sie als Führungskraft von Ihren Mitarbeitern gesehen?
2. Wie sieht es mit Ihrer eigenen Motivation aus?

Als Führungskraft haben Sie ein nicht zu unterschätzendes Problem: Sie werden kaum auf jemanden treffen, der Sie ohne bewusste oder unbewusste Hintergedanken oder Absichten über Ihre Fehler informiert (… wenn er Sie überhaupt informiert …)!

Sie sind Vorstandsvorsitzender eines großen Unternehmens? Dann sind Sie nach meiner mehrfachen Erfahrung wahrscheinlich derart massiv vom tatsächlichen Geschehen in Ihrem Unternehmen abgeschirmt, dass Sie nicht den Hauch einer Chance haben, die Auswirkungen von Führungsfehlern Ihrer Manager rechtzeitig zu erkennen. Diese Abschirmung wurde – und wird – von manchen Topmanagern bewusst aufgebaut und gepflegt. Wenn ein Manager es selbst nicht getan hat, so haben dies vielleicht einige seiner Vorgänger derart perfektioniert, dass er automatisch in diesem Umfeld weitermacht und so mit nicht erkannten „Altlasten" behaftet ist. Als „einsamer Mann an der Unternehmensspitze" hat er dann vielleicht diverse Visionen, währenddessen einige Etagen tiefer im Haus der offene Krieg zwischen zwei Vertriebsteams ausgebrochen ist, die durch eben eine dieser „Visionen" im Rahmen einer Fusion als ehemalige Konkurrenten zur Zusammenarbeit verdammt wurden. Diesen Krieg aber wird der große Vordenker erst bemerken, wenn die Verkaufszahlen plötzlich in den Keller fallen.

Als Vorstand oder Geschäftsführer eines Unternehmens können Sie ziemlich sicher sein, dass Ihnen weder Ihr Vorstandsvorsitzender noch Ihr Kollege in der Geschäftsführung Ihre Führungsfehler frühzeitig (!) mitteilt. In dieser hierarchischen Ebene wird oft eine fast unglaublich mimosenhafte, langsam handelnde Diplomatie an den Tag gelegt.

Sie sind Geschäftsführer oder Vorstand und sprechen offen mit Ihren Führungskräften? Kann sein. Trotzdem werden sich Ihre Manager meist hüten, dem Chef sein eventuelles Fehlverhalten aufzuzeigen. Zu sehr spielen hier gegebenenfalls frühere schlechte Erfahrungen eine Rolle. Von Führungskräften gegeneinander ausgespielte und in stramme Karrierepläne gepresste Mitarbeiter werden im Ernstfall eher jede Chance nutzen, einen Kollegen vor dem Chef schlecht aussehen als diesem konstruktive Kritik an seinem Verhalten angedeihen zu lassen.

Wenn ich dies Führungskräften sage, streiten es viele vehement ab. Die Klugen und Nachdenklichen reagieren eher leicht zögernd. Nein – man arbeite schließlich in einem erfolgreichen Team; jeder könne jederzeit zu seiner Führungskraft kommen; und Erfolge würde man feiern, so dass auch hier genügend Gelegenheit wäre, Führungsmängel zu benennen … Nach einigem Nachdenken aber werden sie rasch unsicher.

Lassen Sie uns doch einmal weiter überlegen, wer da noch eventuell als konstruktiver Kritiker für uns infrage käme:

- Die eigene Freundin, die Ehefrau, der Freund, der Ehemann?
  Alle diese Menschen erleben Sie meist in einem Umfeld, in dem wir uns anders benehmen als in unserer beruflichen Umgebung. Kommunikationsmängel und demotivierende Verhaltensfehler wirken sich im Privatleben langsamer und unmerklicher aus (dafür meist aber anhaltender). Alle diese Personen können also nur mangelhafte Hilfestellung leisten.

- Ihr Aufsichtsrat?
  Den sehen Sie zu selten. Außerdem ist er meist das Gremium in einem Unternehmen, das vom aktuellen Tagesgeschehen die geringste Ahnung hat und das auch erfahrungsgemäß „diplomatisch" die Augen verschließt, solange die Aktionäre nicht zum Sturm blasen.

- Der eigene Vorgesetzte?
  Kaum – denn er kennt viel zu wenig von Ihrer Arbeit. Er kennt Ihre Erfolgszahlen, Ihr Büro von oft nur kurzen Besuchen, Ihre Mitarbeiter vom Händeschütteln und Sie selbst von diversen Besprechungen und Präsentationen.
  Er kann Sie aber kaum in wirklich aufschlussreichen Schlüsselsituationen erleben. Denn – wenn er dabei ist, benehmen sich alle im Raum anders! Richtig? Wenn Sie ehrlich zu sich selbst sind, werden Sie mir zustimmen.

- Ihre Mitarbeiter in unteren Ebenen?
  Die werden einen Teufel tun und Ihnen – ohne sich ein Blatt vor den Mund zu nehmen – wirklich sagen, was sie an Ihnen stört. Denn sie alle haben (so wie Sie auch, lieber Leser) in Ihrem Leben die leidvolle Erfahrung gemacht, dass Kritik in den allerwenigsten Unternehmen gefragt (geschweige denn gefördert) wird. Meist dreht sich die Kritik in Form eines Bumerangs rasch wieder in die eigene Richtung. Warum also sollte dies bei Ihnen anders sein? Nur, weil Sie als Führungskraft versichern, dass Sie für Kritik offen sind? Das haben alle anderen auch behauptet …

Wie also können Sie feststellen, was Sie selbst falsch machen?

Im Grunde ist dieses Problem nur auf zwei Wegen lösbar:

① Sie setzen eine – wirklich – neutrale Person ein, die Sie nach vorher vereinbarten Kriterien beobachtet und dann konstruktiv mit Ihnen an möglichen Defiziten arbeitet. Diese Personen nennt man auch Coach. Ich meine damit nicht einen der vielen Psychologen oder beauftragten Personalentwickler, sondern Menschen, die diese Tätigkeit mit großer Erfahrung und Kenntnis der Probleme einer Führungskraft hauptberuflich ausüben. Ein paar Zeilen weiter erfahren Sie, wie Sie einen guten Coach finden.

② Sie fragen Ihre Mitarbeiter!
  Nein – nicht so, wie es üblicherweise geschieht. In flüchtigen, leutselig ausgesprochenen Bemerkungen während eines Meetings oder bei einem Glas Bier nach einem harten Arbeitstag.
  Fragen Sie mithilfe eines konkreten Fragebogens. Deren Schärfe und Treffsicherheit hängt allerdings von der Person ab, von der sie erstellt wurden. Bei dieser Gelegenheit

haben Sie auch eine gute Chance, sehr originelle und nützliche Hinweise zu ganz anderen Problemlösungen zu erhalten. Auf den Folgeseiten zeige ich Ihnen einige Beispiele für brauchbare Fragestellungen auf.

Coaching – Modewort des Jahrhunderts

Wenn ein Teenager seinen ersten Liebeskummer hat, oder nicht weiß, wie er seine Mutter überreden kann, länger Ausgang zu bekommen, dann geht er zu seinem Coach.

Er wartet, bis seine Mutter nicht im Raum ist, und setzt sich dann neben seine Oma oder seinen Opa und schildert diesem Coach (diesem Berater) sein Problem. Die Großeltern werden ihre Erfahrung und ihr Verständnis einsetzen und behutsam beraten und helfen. Sie werden eventuell sogar vermittelnd mit der Mutter sprechen und vielleicht auch ihr zu neuen Überlegungen verhelfen und zu besserer Kommunikation zwischen Mutter und Kind beitragen.

Für einen erwachsenen Menschen ist das Finden eines guten Vertrauten, eines Coaches, schon schwieriger. Da gibt es eine Menge Menschen, die aus diesem Modebegriff Geld schlagen möchten. Andere werden sogar abteilungsweise zum Coaching beordert. Ja – Sie hören richtig. Ich kenne einige Unternehmen, die in ihrer Personalabteilung Mitarbeiter beschäftigen, die – mal eben so – Kollegen als Coach zur Verfügung stehen sollen. Ein optimaler Coach ist jedoch ein unabhängiger Vertrauter. Nicht irgendein Mitarbeiter einer Abteilung für Personalentwicklung oder der Hauspsychologe. Viele Unternehmensberatungen bieten „Coaching als Dienstleistung" an. Es laufen ausreichend arbeitslose Psychologen herum, die eine derartige Aufgabe gerne übernehmen – und meist mehr schaden als nutzen.

In Europa gibt es heute nur wenige professionelle Coaches der Spitzenklasse. Diese haben – aus Gründen der mentalen

Kapazität – allerdings nur wenige Klienten zu gleicher Zeit. Meist verfügen Coaches über ein spezielles Fachwissen. Deshalb ist nicht jeder für jede Problemstellung geeignet. Ein Berater, der hohe Fachkompetenz auf dem Gebiet der Kostenminimierung oder der Unternehmensstrukturierung hat, muss in kommunikativen Aspekten nicht unbedingt geeignet sein – und umgekehrt.

Was sind nun die Eigenschaften eines guten Coaches?

- Er muss zuhören und sich Ihnen bei Gesprächen voll und ganz widmen können.
- Er muss – möglichst praktische – Erfahrung mit dem beruflichen Umfeld von Führungskräften haben.
- Er muss sich rasch in Ihre Lage versetzen und in Ihrem Sinne handeln und fühlen können, ohne dabei die nötige Distanz zu Ihnen zu verlieren.
- Er muss ausgezeichnet strukturierend und analysierend „quer denken" können. Dies nicht nur im Allgemeinen, sondern auch im beruflichen Umfeld des Klienten.
- Er sollte möglichst **kein** Psychologe sein, da ihn dann umfangreiches theoretisches Grundlagenwissen und das darauf basierende, meist ungeeignete, Analyseverhalten für unternehmerisches Denken oft mehr Schaden als Gutes anrichten lassen.
- Er muss extrem vertraulich handeln.
- Er muss (in kritischen Situationen) dem Klienten praktisch vierundzwanzig Stunden zur Seite stehen.
- Je nach fachlicher Ausrichtung muss er viel von praktischen und praktikablen, vielfach erprobten Werkzeugen verstehen.
- Er ist in der Lage, im Sinne der unternehmenspolitischen Ziele – und im Sinne seines Klienten – auch aktiv in Kommunikationsprozesse zwischen Mitarbeitern und Führenden einzugreifen.

Wie handelt ein guter Coach?

- Er wird seine Leistungen nicht in Tagessätzen, sondern nach einer feststehenden Projektgröße (Zeitraum) vorher aushandeln. Nur so kann er mit Ihnen zusammenarbeiten, ohne dass Sie als Klient in kritischen Situationen auch noch an Ihr Budget denken müssen.
- Er wird nach dem erstem Kennenlernen darauf dringen, möglichst viel Zeit mit Ihnen zu verbringen, sowohl in Ihrem privaten als auch in Ihrem beruflichen Umfeld.
- Er wird auf jeden Fall darauf bestehen, Sie bei der Kommunikation mit Ihren Mitarbeitern zu beobachten.
- Er wird versuchen, Probleme in ruhiger Umgebung zu besprechen. Dabei wird er nie konkrete Empfehlungen aussprechen, sondern sich auf zielgerichtetes „Querdenken", infragestellen, beschränken. Seine persönliche Einschätzung wird er dabei klar als solche kennzeichnen.
- Er wird bei komplexeren Problemstellungen sofort auf optimal geeignete Fachkräfte mit Spezialwissen und hoher Fachkompetenz zurückgreifen.
- Er wird sich selbst aus dem Projekt zurückziehen, wenn er den Eindruck hat, dass ihm sein Klient mit Misstrauen oder Vorbehalten begegnet und / oder seine konkreten Warnungen und Ratschläge auf Dauer missachtet.

Für und Wider von Mitarbeiterbefragungen

Wenn es darum geht, von Mitmenschen einigermaßen verwertbare Meinungen und Kommentare zu aktuellen Themen zu erhalten, so wird es richtig abenteuerlich! Oft artet das Ringen um allseits akzeptierte Fragestellungen in einen Kleinkrieg aus, der so lange dauert, dass sich – wenn es denn irgendwann zu einer Einigung kommt – die Rahmenbedingungen für die Umfrage längst wieder geändert haben.

Fürsorglich und konstruktiv agierende Führungskräfte sind naturgemäß an solchen Umfrageergebnissen genauso interessiert wie Menschen mit meinem Beruf. Denn nur, wenn wir den einigermaßen ehrlichen Status quo im Unternehmen kennen, können wir konstruktiv an die Lösung von Problemen herangehen.

Aber da gibt es ein Gremium von Menschen, das von den Mitarbeitern gewählt wird. Man nennt es Betriebsrat. Seine Mitglieder werden gewählt, um die Interessen der Mitarbeiter gegenüber dem Arbeitgeber zu vertreten. Ich kenne allerdings nur relativ wenige Betriebsräte, die über die tatsächlichen Bedürfnisse ihrer Kollegen wirklich Bescheid wissen. Der Grund: Auch sie machen keine Umfragen unter den Mitarbeitern, sondern reagieren meist auf vereinzelte Beschwerden von wenigen (manchmal notorisch klagenden) Kollegen.

Ich spreche hier nicht von den Betriebsräten, die mit den Zähnen wohlverdiente Mindestrechte ihrer Kollegen verteidigen, sondern von den Damen und Herren, die um ihrer Wiederwahl wegen versuchen, sich permanent mit Einsprüchen zu profilieren. Sie berufen sich dabei meist auf einige Gummiparagrafen im deutschen Betriebsverfassungsgesetz irgendwo beim Thema Mitbestimmung und schaffen es des Öfteren, damit ihren Kollegen massiv zu schaden. So plante ich vor der Lösung eines schwierigen Mobbingfalles einen anonymen Fragebogen, bei dem der Betriebsrat schon die reine Tatsache der Umfrage ablehnte, da man dadurch ja vielleicht auf die Urheber des Mobbings schließen könnte!!! Dabei wurde ich schon verdächtigt, anonym beantwortete und mir per Post zugesandte Fragebögen womöglich auf Fingerabdrücke zu untersuchen, um die Urheber auszumachen ...

Ich kann Ihnen, lieber Leser, trotzdem nur zu regelmäßigen Umfragen (ein- bis zweimal im Jahr) raten und gebe Ihnen dazu nachfolgend einige Tipps, die sich sehr bewährt haben.

- Arrangieren Sie sich sehr frühzeitig mit dem Betriebsrat. Sollte der Betriebsrat generell gegen die Befragung sein, so wenden Sie sich direkt an die Mitarbeiter. Schildern Sie Grund und Art der Befragung und die Folgen, wenn Sie ohne diese Basiserhebung agieren müssen.

  Meist führt dies rasch zu kooperativerem Verhalten der Mitarbeitervertretung. Falls Sie dennoch überhaupt nicht klarkommen, konsultieren Sie Ihre Rechtsabteilung oder überlassen Sie es den Mitarbeitern, ob Sie den Bogen benutzen möchten oder nicht. Die Erfahrung hat gezeigt, dass zahlreiche Mitarbeiter entgegen den Empfehlungen ihres Betriebsrates sehr wohl an einer Beantwortung von (auch heiklen und persönlichen) Fragen interessiert sind.

- Formulieren Sie Ihren Fragebogen persönlich, sympathisch und locker.

- Erklären Sie genau, was Sie herausfinden möchten. Und zwar so, dass man (in allen Unternehmenspositionen) den Sinn der einzelnen Fragen verstehen kann.

- Ermöglichen Sie eine anonyme Beantwortung. Richten Sie dazu große Briefkästen auf Gängen oder in den Mitarbeitertoiletten ein – oder lassen Sie die Bogen per E-Mail einem neutralen Berater zusenden.

  Bewährt hat sich auch das Beilegen von bereits beschrifteten, frankierten Kuverts, die an die Adresse des auswertenden Beraters gerichtet sind.

- Mischen Sie allgemeine Fragen mit spezifischen.

- Stellen Sie ein und dieselbe Frage mehrfach – in unterschiedlicher Formulierung. Gestalten Sie Kontroll- und Verständnisfragen.

- Achten Sie darauf, dass sich die Mitarbeiter zur Beantwortung viel Zeit nehmen und dass sie dies nicht in Gruppen tun, da sonst eine gegenseitige Beeinflussung wahrscheinlich ist. Es ist wichtig, dass die Befragten ruhig, aber trotzdem spontan antworten. („Nehmen Sie bitte diesen Fragebogen am besten mit nach Hause und beantworten Sie dort die nachfolgenden Fragen in aller Ruhe ... ").

- Vermeiden Sie Fragen, die mit „multiple choice" beantwortet werden sollen (also per ankreuzen). Verwenden Sie statt dessen zu einem großen Teil offene Fragen, die ausführliche Antworten herausfordern. Eine Auswertung dauert dann zwar wesentlich länger, ist aber auch wesentlich aussagekräftiger. Mit den Fragen in einer Mitarbeiterbefragung ist es wie mit einem guten Whisky: Die richtige Mischung macht's.

- Eine hervorragende, offene Schlüsselfrage lautet: „Wenn Macht und Geld keine Rolle spielen würden; was wären die ersten drei Dinge, die Sie im Unternehmen / in Ihrer Abteilung ändern würden?" Diese Frage klingt sehr simpel. Wahrscheinlich ist sie deshalb relativ selten in vorgefertigten Bogen zu finden. Ein anderer Grund dafür könnte sein, dass eine ausführliche Beantwortung dieser offenen Frage sehr rasch unangenehme Wahrheiten ans Tageslicht bringen könnte. Ich habe schon Unternehmen erlebt, deren Leitung diese Frage – schlicht aus Angst – als „für den Arbeitsfrieden nicht förderlich" einstufte.
Trotzdem ist das eine wunderbare Gelegenheit, relativ rasch auf den Grund der Dinge zu kommen und Gesprächsstoff für weitergehende (mündliche) Befragungen zu erhalten.

- Bitten Sie um Lösungsvorschläge zu akuten Problemen, wobei Sie den Lösungsrahmen (z. B. das verfügbare Budget) bekannt geben.

- Achten Sie bitte darauf, dass alle Fragen adressatengerecht formuliert sind und dass sie von allen Befragten auch wirklich (!) verstanden werden können. Es ist sinnvoll, die Fragen vorher von Testpersonen lesen zu lassen, die von ihrer Unternehmensposition und ihrer Ausdrucksweise her am unteren Rand des verbalen Anspruches Ihrer Fragebogen einzustufen sind.

- Fragen Sie nicht nur nach negativen oder verbesserungs-
würdigen Dingen. Verwenden Sie stattdessen bewusst auch
mehrere Fragen, um herauszufinden, was die Mitarbeiter
besonders gut finden.
- Geben Sie den Mitarbeitern immer (!) ein ausführliches
Feedback über die Ergebnisse der Auswertung. Es ist wirkungsvoll und hilfreich, die Ergebnisse von einer neutralen Person im Rahmen eines kleinen Workshops vorstellen
zu lassen. Auf diese Weise generieren Sie wertvolle Themen, an denen Teams und Projektgruppen weiterarbeiten
können.
- Wenn Antworten eine klar definierte Person in ein bestimmtes, negatives Licht rücken, so vermeiden Sie es,
diese Person unmittelbar mit den Antworten zu konfron-
tieren, sondern beobachten Sie diese Person zuerst einige
Zeit, um sich zusätzlich ein eigenes Bild machen zu können. Anschließend sprechen Sie die betroffene Person mit
offenen Fragen vorsichtig an, um auch von dieser Seite
erste Statements zu erhalten. Lassen Sie diese Aussagen
zunächst unkommentiert und denken Sie einige Tage nach.
Dann erst ist es an der Zeit, sich intensiver um diese Angelegenheit zu kümmern.
- Anonyme Fragebogen, die codiert sind und deshalb trotz
gegenteiligen Versprechens personifiziert werden können,
sind an der Tagesordnung. Ich halte sie für ethisch sehr
bedenklich und nur in extremsten Fällen einsetzbar.

Wie sieht es mit Ihrer eigenen Motivation aus?

Dies sollten Sie am besten an einem Ort klären, an dem Sie
möglichst wenig gestört sind. Mit Sicherheit nicht während Ihrer Arbeit, in der Mittagspause oder kurz vor dem Abendessen.

Besser schon danach oder – noch besser – bei einem Waldspaziergang oder in der Badewanne mit einem Glas guten Weines in der Hand.

Um Ihre eigene, ganz persönliche Einstellung zum Job und seinen Anforderungen herauszufinden, sollten Sie sich also in ein Ambiente begeben, das Ihnen emotionelle Freiräume zum Träumen und Loslassen gestattet.

Fragen Sie sich doch einmal …

… ob Sie zum jetzigen Zeitpunkt privat wie beruflich das erreicht haben, was Sie sich vor Jahren vorgenommen haben.

… ob Sie mit Ihrem Privatleben wirklich zufrieden sind – auch wenn Ihr privater Besitzstand Ihren Vorstellungen entspricht.

… was Sie schon immer einmal tun wollten, nie getan haben – und warum Sie es bis jetzt nicht getan haben.

… ob Sie an klassischen Stresssymptomen (zum Beispiel an Verspannungen, Denkblockaden oder vegetativen Störungen) leiden.

… ob Sie das Gefühl haben, viel zu wenig Zeit für sich selbst zu haben.

… ob Sie morgens wirklich gerne zur Arbeit gehen.

… warum Sie gegebenenfalls nicht gerne zur Arbeit gehen.

… was Sie tun könnten – oder machen müssten, um wieder gerne zur Arbeit zu gehen.

… warum Sie dies bis jetzt noch nicht getan haben.

… was Sie in 15 Jahren machen möchten.

… was Sie bisher getan haben, um dieses Ziel zu erreichen.

Wenn Sie die vorausgegangenen Fragen ehrlich beantworten, sind Sie schon ein Stückchen weiter.

Es ist gut möglich, dass Sie jetzt feststellen, dass im Großen und Ganzen alles OK ist – gratuliere! Sie können die nachfolgenden Zeilen überspringen und zum nächsten Kapitel übergehen.

Allerdings sind die nächsten Absätze auch interessant, wenn Sie fröhlich und motiviert durchs Leben streifen. Denn dann können Sie die nachfolgenden Überlegungen mit Mitarbeitern führen, die selbst Probleme mit ihrer Einstellung zum Leben haben.

Vielleicht kommen Sie aber auch zu der Erkenntnis, dass Sie selbst „eigentlich" einiges in Ihrem Leben ändern sollten. Aber was tun Sie „uneigentlich"?

Wie wichtig es ist, dass Sie in Ihrem eigenen Leben möglichst aufgrund eigener Überlegungen und Entscheidungen – und möglichst nicht fremdgesteuert – handeln, zeigt die nachfolgende kleine Rechnung: Nehmen wir einmal an, Sie wären erst 30 Jahre alt. Und nehmen wir an, Sie wollten in einem Alter von 55 Jahren ein privates und berufliches Ambiente bzw. einen beruflichen Karrierestand erreicht haben, auf dem Sie sich bis zu Ihrer wohlverdienten Pension etwas ausruhen können.

Dann sieht unsere Rechnung wie folgt aus:

Ihr Alter heute:	30,0 Jahre
Ihr Zielalter:	55,0 Jahre
Differenz:	25,0 Jahre
Davon verschlafen Sie etwa 30 % - wenig gerechnet – also minus:	(-) 8,4 Jahre
Verbleiben Ihnen	16,6 Jahre
Davon „verarbeiten" Sie ca. 80 %, die wir abziehen:	(-) 13,3 Jahre
Es verbleiben Ihnen	3,3 Jahre

Wenn wir jetzt noch ein Vierteljahr für
nebensächliche Dinge wie „im Stau stehen"
und „einkaufen gehen" abziehen,
verbleiben Ihnen an erlebbarer Freizeit   3,0 Jahre !!!

Drei (3!) Jahre Freizeit bis zu Ihrem 55. Lebensjahr. Bei einem
Vierzigjährigen sind dies weniger als zwei Jahre, und ...
und ...
Anmerkung: Diese Rechnung wird optisch noch eindrucksvoller, wenn Sie ein Maßband oder einen Papierstreifen einer
Rechenmaschine nehmen und die prozentualen Teile der
Bandlänge nacheinander abschneiden.
Wenn Sie diese Zahlen hören, wird es Ihnen wahrscheinlich
wie allen Menschen gehen, die diese Rechnung für sich auf-
stellen: Sie werden erschrecken und den dringenden Wunsch
haben, alles stehen und liegen zu lassen und auf die nächste
Insel zu ziehen. Manche Menschen haben nach dieser Rechnung auch das Bedürfnis, all das ganz rasch nachzuholen,
was sie – ihrer Meinung nach – versäumt haben und immer
schon einmal machen wollten. Aber dies würde wenig Sinn
machen. Erstens wäre – wenn alle dem Beispiel folgen würden – auch die kleinste Insel bald mit einem „Insel-Ober-
chef", einem „Insel-Unterchef" und vielen „Insel-Abteilung-
schefs" komplett aufgeteilt und alles ginge weiter wie bisher.
Zweitens reicht meist das Geld dazu nicht und drittens: So
schlecht ist Ihre Situation ja eigentlich gar nicht.
Sie haben also zwei oder drei Jahre erlebbare Freizeit (die Sie
ja auch noch fast ununterbrochen in Gesellschaft von anderen Menschen verbringen) und etwa noch zwölf bis vierzehn
Jahre reine Arbeitszeit. Es gilt nun weniger, sich mehr Freizeit zu verschaffen. Dann fehlt meist das nötige Geld, um seinen bisherigen Lebensstandard zu halten (wozu eigentlich?
Aber das ist eine andere Angelegenheit). Lassen Sie uns das
Hauptaugenmerk auf die zwölf bis vierzehn Jahre Arbeitszeit
richten und beantworten Sie mir folgende Frage:

Möchten Sie diese Arbeitsjahre in einem Umfeld verbringen, das Ihnen wenig oder keinen Spaß macht??? Sicher nicht (Masochisten ausgeschlossen). Wenn Sie also nicht den Rest Ihres Arbeitslebens frustriert durch die Gegend laufen möchten, dann müssen Sie ganz rasch die Voraussetzungen schaffen, dass dem nicht so sein wird! Sie müssen also eventuell massive Veränderungen in Ihrem Privatleben und /oder Ihrem Berufsleben vornehmen.

Nun sind wir bei dem Moment, in dem in meinen Coachinggesprächen immer fieberhaft nach Ausreden gesucht wird. Ich weiß, dass Sie mir jetzt sofort diverse Dinge aufzählen werden, die Ihnen bei diesem Vorhaben im Weg stehen. Da gibt es die Familie, das abzuzahlende Haus, das neue Auto, die Firmenpension und überhaupt – all das schöne Geld, das verdient werden kann. Ganz abgesehen davon, dass eine Menge Argumente wirklich nur schlichte Ausreden sind: Sie sollen doch überhaupt nicht soweit gehen und gleich an Scheidung, Kündigung und Aussteigen denken.

Es gibt viel klügere Wege, zermotivierende Hindernisse zu bewältigen. Versuchen Sie immer erst einmal, ein (1) Problem zu lösen. Und nur dann, wenn Sie dies mehrfach, unterschiedlich und vergeblich versucht haben, ändern Sie Ihre Position zum Problem. Haben Sie ein Partnerproblem, so versuchen Sie dieses – für beide Seiten akzeptabel – zu lösen. Gelingt dies auch nach mehreren Versuchen nicht, so ändern Sie Ihre Position zum Problem: Wechseln Sie den Partner. Frustriert Sie Ihr Job? Dann versuchen Sie mit aller Kraft, die Ursachen des Frustes herauszufinden und so zu verändern, dass sich Ihr Zustand verbessert. Gelingt Ihnen dies auch nach mehrfachen Versuchen nicht, so wechseln Sie den Job! Es gibt zu viele arbeitslose Manager und es ist fraglich, ob Sie einen neuen Job finden? Richtig! Aber dagegen steht: Sie haben nur ein Leben und nur drei Jahre Freizeit …

126

Wenn Sie vor einem Problem stehen, das es für Sie zu lösen gilt, so sind drei mentale Schritte wichtig:

① Stellen Sie sich den schlimmstmöglichen Ausgang („worst-case-thinking") des Problems vor.

② Versuchen Sie mit aller Energie, sich auf diesen schlimmstmöglichen Ausgang einzustellen, ja ihn sogar schlimmstenfalls akzeptieren zu können. Stellen Sie einen „Notplan" für den Fall auf, dass die ungünstigste Möglichkeit eintritt. Sie werden dabei feststellen, dass die meisten „Worst-Case-Situationen" sooo schlimm überhaupt nicht sind. Sie müssen die Angst vor diesem möglicherweise extrem schlechten Ausgang einer Situation verlieren.
Erst wenn Sie dies geschafft haben, gibt es eine Chance, dass Sie den dritten Schritt schaffen.

③ Versuchen Sie jetzt mit aller Kraft und Energie, den schlimmstmöglichen Fall erst gar nicht eintreten zu lassen. Einfacher ausgedrückt: Solange Sie Angst vor dem negativen Ausgang einer Problemlösung haben, werden Sie nicht imstande sein, das Problem selbst zu lösen!

Warum ich Ihnen dies alles erzähle? Weil Sie für Ihre Motivation selbst zuständig sind! Weil Sie mit großer Wahrscheinlichkeit – wie alle Menschen, die vor Problemen stehen – pausenlos Ausreden finden, um irgendetwas in Ihrem Leben nicht anders gestalten zu müssen. Verwenden Sie doch einfach die Energie, mit der Sie Ausreden suchen, dafür, Lösungswege zu finden, wobei Sie zuallererst die Angst vor einem Scheitern Ihrer Versuche ablegen müssen.
Motivation ist also Ihre ureigenste Sache! Es geht allerdings leichter, wenn Sie erste Versuche zu Veränderungen an Tagen machen, an denen Sie ausgesprochen gut aufgelegt sind. Sie sind gar nicht so oft gut aufgelegt? Hier noch

ein paar Tipps von Kollegen zum Thema: „Was mache ich nur, wenn ich wirklich einmal einen schlechten Tag habe?"

- „Leben Sie Ihren Tag erst einmal bewusst „zu Ende", bevor Sie sich Sorgen um den morgigen Tag machen!" (Dale Carnegie)
- „Schlechte Laune steckt an. Gute auch. Begeben Sie sich zu Menschen, von denen Sie wissen, dass sie meist gut aufgelegt und fröhlich sind." (STERN)
- Ihr trauriges, ernstes Gesicht ruft bei Ihren Mitmenschen ebenfalls ernste Gesichter hervor. Verdrücken Sie sich in eine ungestörte Ecke (Toilette?) und lächeln Sie bewusst und extrem freundlich. In diesem Moment werden Sie nur ein verzerrtes Grinsen zustande bringen. Aber sobald Sie Ihr Gesicht wieder entspannen, werden Sie merken, dass Sie leichter und ohne Anstrengung ein wenig lächeln können. Wenn Sie jetzt auf Mitmenschen treffen, so wird Ihr gelösteres, freundlicher wirkendes Lächeln die gleiche Reaktion – eine instinktive positive Rückmeldung – bei Ihren Mitmenschen hervorrufen. Freundliche Mitmenschen in Ihrer Umgebung verbessern wiederum Ihr eigenes Lebensgefühl – so wird die Sache zum Selbstläufer ... (Vera Birkenbihl).
- Geben Sie Kollegen oder Mitarbeitern ganz klar zu erkennen, dass Sie einen schlechten Tag haben. Dann können diese besser mit Ihnen umgehen. Außerdem werden Sie merken, dass vielen Ihrer Mitmenschen daran liegt, dass es Ihnen bald besser geht. (Forbes Magazin)

Abschließend bitte ich Sie, auch daran zu denken, dass Ihnen als Führungskraft Menschen anvertraut wurden. Wenn Ihre Glaub- und Vertrauenswürdigkeit bei Ihren Mitarbeitern auch nur einigermaßen in Ordnung ist, so fühlen sich diese Menschen bei Ihnen gut aufgehoben. Sie als Vorgesetzter haben einfach kein Recht, diese Menschen falsch oder ungerecht zu behandeln, nur weil Sie (scheinbar) unmotiviert oder frustriert durchs Leben laufen. Ganz abgesehen davon, dass Ihre ganz persönliche Ausstrahlung von allen Menschen in Ihrer Umgebung unbewusst absorbiert, kopiert und reflektiert wird. Demotivierte Führungskräfte haben meist demotivierte Mitarbeiter!

Sie sind also weitgehend selbst für Ihre ganz persönliche Motivation zuständig. Lassen Sie die Ausreden! Lesen Sie dieses Kapitel am besten gleich noch einmal durch! Bitten Sie eventuell auch Ihre Partnerin (Ihren Partner), gleiche Überlegungen anzustellen. Finden Sie heraus, was Sie ändern müssen. Dann schreiben Sie mit Lippenstift oder nasser Seife die Zahl groß und fett an Ihren Badezimmerspiegel, die den von Ihnen errechneten, frei verfügbaren Lebensjahren (also den „Freizeitjahren" bis zu Ihrem persönlichen Ziel – siehe einige Seiten vorher) entspricht. Und dann tun Sie das, was ein großer Sportschuhhersteller als Slogan und Lebenseinstellung empfiehlt:

„Just do it".

Die Angst vor dem Mitarbeitergespräch

Schon allein bei der Bezeichnung dieser Aufgabe kann ich nur den Kopf schütteln. Für viele Führungskräfte ist das Vieraugengespräch eine lästige Pflicht. Andere habenschlicht Angst davor und schieben es so lange wie möglich vor sich her. Wieder andere haken diese Gespräche mit Akribie in ihrem Terminkalender als erledigt ab und tragen den nächsten Termin sechs oder zwölf Monate später wieder ein.

Aber alle werden Ihnen bestätigen, dass diese Gespräche mit Mitarbeitern von ungeheurer Wichtigkeit für die ach so gute Motivation im Team sind. Es ist so wie mit vielen Dingen, die man mehr oder weniger gut in irgendwelchen mehr oder weniger guten Seminaren gelernt hat. Man hat es mal gehört, sich vor der Videokamera im Seminar produziert und die fachunkundigen Ratschläge eines Psychologen (der nie selbst in einer Führungsrolle war) gehört. Dann hat man sich wieder in den stressigen Alltag gestürzt – und das meiste schlicht wieder vergessen.

In jedem Seminar, in jedem Fachbuch wird immer wieder gepredigt: Bereite Dich auf ein derartiges Gespräch gut vor. Plane dafür mindestens eine Stunde ein. Achte darauf, dass Du bei dem Gespräch nicht gestört wirst, und so weiter. Vieles von dem macht Sinn. Anderes geht schlicht oft an der Zielsetzung vorbei. Ein – als offizielles Mitarbeitergespräch anberaumtes – Treffen macht nur dann Sinn, wenn man auch konkrete Dinge ansprechen möchte. Persönliche Zielsetzungen etwa. Auch die Lösung eines Kommunikationskonfliktes oder eines Leistungsdefizits. Oder Dinge, die Karriere, Gehalt oder neue Kompetenzen betreffen.

Um einen Mitarbeiter zu motivieren, sich mehr in seine Arbeit einzubringen und vorgegebene Ziele ernsthafter anzugehen, ist das übliche Gespräch („Guten Tag, Herr Meier. Nehmen Sie bitte Platz. Möchten Sie etwas zu trinken … ") mit Sicherheit ein ungeeignetes Mittel. Ein sogenanntes Mitarbeitergespräch dauert in meinen Augen viel länger! Nun werden Sie mir sagen: „Wenn ich für jeden meiner Mitarbeiter so viel Zeit investiere, komme ich zu nichts anderem mehr." Da erhebt sich einmal die Frage: „Was ist viel?" Mir sträuben sich immer die Haare, wenn ich Sätze höre, wie: „Für ein Mitarbeitermotivationsgespräch (tolles Wort!) plane ich genau 45 Minuten ein." Menschen, die so denken, haben von guter Führungskommunikation relativ wenig Ahnung. Konkrete Dinge zu besprechen, die erledigt oder geregelt werden müssen, ist eine Sache. Mit einem Mitarbeiter eine gemeinsame emotionelle Basis zu finden, um diesem mehr Spaß an der Arbeit zu vermitteln, ist eine andere. Motivation kann man nicht befehlen. Ich kann es gar nicht oft genug sagen! Aber man kann sehr wohl einem Menschen bei der Selbstfindung, beim Lösen persönlicher Probleme und Widrigkeiten und bei einfachem Nachdenken helfen. Deshalb dauert für mich ein optimales „Mitarbeitergespräch" (ich bleibe widerwillig bei diesem schauerlichen Ausdruck) mindestens ein paar Monate! Besser die ganze Zeit, in der ein Mitarbeiter im Unternehmen ist.

Diese Gespräche mit Mitarbeitern sind immer dann am produktivsten und hilfreichsten, wenn sie in unkonventionellem Rahmen und nach spontanen Terminvereinbarungen geführt werden. Über den Schreibtisch hinweg, mit einem Auge auf den Berg Papier, mit dem anderen auf der Armbanduhr kann das nichts werden. Da schon besser mit einer „Tasse Bier" in der Hand nach Feierabend. Erstaunlicherweise haben viele Führungskräfte regelrecht Angst vor diesen Unterhaltungen. Sie verzichten ganz gern auf diese hervorragenden Werkzeuge, um Mitarbeitern zu helfen. Dabei haben sie dafür ausgiebig vor der Videokamera in Rollenspielen trainiert. Rollenspiele aber bleiben Spiele! Ich halte nicht allzu viel von dieser Art des Trainings. Besser sind da schon hitzige, zentral gefilmte Diskussionsrunden mit etwa fünf Teilnehmern, die nachher gemeinsam per Video angesehen und diskutiert werden.

Ihnen nun hierzu Hilfen zu geben, grenzt fast an Überheblichkeit. Denn dieses Gebiet der Kommunikation ist eigentlich viel zu komplex, um so nebenbei in einem Buch abgehandelt zu werden, das sich mit einem anderen Generalthema befasst. Trotzdem möchte ich Ihnen hier ein paar Denkanstöße und Hilfen aus meiner persönlichen Praxis geben. Vielleicht überwinden Sie dann Ihre Scheu vor dieser Art der Unterhaltung.

- Wenn Sie einen Mitarbeiter offiziell zu sich einladen, so bereiten Sie sich bitte sehr gut auf dieses Gespräch vor. Machen Sie sich ausreichend Notizen mit den Punkten und Fragen, die Sie klären möchten.
- Verlegen Sie dieses Gespräch in ein angenehmes Ambiente und blockieren Sie alle möglichen Störungen.
- Planen Sie sehr viel Zeit ein. Auch Sie selbst werden nach einem Gespräch gut eine Viertelstunde benötigen, bevor Sie sich wieder geistig neuen Dingen zuwenden können.
- Besser ist es, wenn Sie mit Ihren Mitarbeitern einen mehr oder weniger konstanten Dialog führen, bei dem erkennbare Probleme frühzeitig erfühlt und dann angesprochen werden können.
- Ein Gespräch ist kein Verhör! Wenn Sie von einem Mitarbeiter erwarten, dass er seine Seele „auf den Tisch legt", so müssen Sie Gleiches tun! Kein Mensch gibt so ohne weiteres seine Emotionen und Gedanken preis, ohne dass sein Gegenüber zumindest teilweise das Gleiche tut.
- Ein Gespräch ist kein Monolog. Sie sollten sich zeitweise etwas zurücknehmen und dem Mitarbeiter Gelegenheit geben, nicht Fragen zu beantworten, sondern offen und frei zu plaudern. Wie sollen Sie Ihr Gegenüber besser kennenlernen, wenn Sie nur geschlossene Fragen stellen und die Antworten geistig abhaken?
- Stellen Sie offene Fragen – und hören Sie zu!! Ich weiß, ich wiederhole mich. Aber hier wird einfach zu viel falsch gemacht. Hören Sie nicht nur zu – hören Sie aktiv zu! Stellen Sie Zwischenfragen. Überzeugen Sie sich immer wieder, dass Sie Ihr Gegenüber wirklich verstehen und nicht nur empfangene Worte interpretieren. Wenn Sie nicht zuhören können oder wollen, weil Sie das, was Ihr Gegenüber sagt, nicht wirklich interessiert, dann sollten Sie das Thema auf etwas anderes lenken, das Gespräch beenden oder gar nicht erst anfangen!

- Vermeiden Sie offene Schuldzuweisungen! Nichts ist einem konstruktiven Gespräch abträglicher, als das Entgegenschleudern von Anschuldigungen. Wir haben uns daran gewöhnt, Mitmenschen ein Problem vor die Füße zu werfen und die Lösung dafür gleich hinterherzuschicken. Ein Beispiel: Sie ärgern sich über die ewig offene Zahnpastatube Ihrer Partnerin (Ihres Partners). Standardreaktion: „Mir geht es gewaltig auf die Nerven, immer Deine offenen Zahnpastatuben zumachen zu müssen. Wenn ich das nächste Mal eine finde, werfe ich sie einfach weg!" Problem kurz dargestellt, Lösung hinterhergeworfen, Alternativen ausgeschlossen. So einfach ist das! Oder?
- In Unternehmen kennen wir alle diese Situation. Die versteckte Drohung „wenn Sie nicht dies und das so und so machen, dann ... " oder auch die versteckte Keule à la „ich erwarte von Ihnen ab sofort, dass Sie sich am Riemen reißen und ... " sind Zermotivierung in Reinkultur!

Hier ein konstruktiveres, hilfreicheres und vor allem faireres Verfahren, einen Mitarbeiter dazuzubringen, sein Verhalten zu ändern.

- Nehmen Sie den Mitarbeiter in seinem Problem ernst. Bösartige, chronisch faule oder tatsächlich hinterlistige Menschen sind sehr selten. Meistens liegen konkrete Gründe für Fehlverhalten oder Demotivation vor. Diese herauszufinden ist erste Pflicht eines Vorgesetzten. Und das geht nicht einfach mit der Frage „Na, Müller, wo drückt denn der Schuh?"
- Schildern Sie dem Mitarbeiter Ihren ganz persönlichen Eindruck von der anzusprechenden Situation. Bitten Sie den Mitarbeiter, Ihnen (!) zu helfen, die Zusammenhänge besser zu verstehen. Wenn Sie dabei nur offensichtliche Ausreden hören, stochern Sie ruhig noch einmal in die gleiche Lücke. Kaum ein Mensch „übersteht" drei- oder

viermaliges Wiederholen der gleichen Bitte um Erklärung, ohne irgendwann Ausreden abzulegen und zum Grund zu kommen. Auch hierzu ein Beispiel: Die Führungskraft: „Herr Meier, ich habe da nun schon zum dritten Mal eine Beschwerde vorliegen, dass Sie … Ich kann das nicht verstehen, denn ich bin von Ihnen bisher gewohnt, dass Sie diesen Vorgang immer rasch und einwandfrei … Helfen Sie mir doch bitte zu verstehen, warum dies auf einmal nicht mehr so klappt!" Herr Meier reagiert mit einer offensichtlichen Ausrede. Die Führungskraft: „Das erklärt einiges. Aber ich verstehe noch immer nicht, warum dann das …" Irgendwann kommt Herr Meier zum Punkt und bekennt Farbe. Dies kann manchmal ein zwei- oder dreimaliges Nachhaken erfordern. Nun kommt der wichtige Moment, in dem eine gewünschte Änderung eingeläutet werden muss. Jetzt Forderungen zu stellen, wäre der letzte, massive Schritt, der erst nach mehreren anderen Versuchen sanfterer Art erfolgen sollte.

Besser ist die Variante des Vorgesetzten: „Gut, Herr Meier, was können wir nun tun, damit Sie in Zukunft vermeiden können, dass …?" Oder die verschärfte Variante: „Gut, Herr Meier. Was kann ich als Abteilungsleiter tun, damit Sie in Zukunft vermeiden können, dass …?" Herr Meier weiß oder spürt, dass eine Problemlösung nur durch ihn selbst eingeleitet werden kann. Der Unterschied zur brutalen Gesprächsführung in Tausenden deutschen Unternehmen ist, dass er hier nun eine Chance hat, „sein Gesicht zu wahren".

• Nur, wenn ein Mitarbeiter sein Gesicht wahren kann, nur, wenn er trotz aller Kritik erhobenen Hauptes Ihr Büro verlässt, wird er konstruktiv an einer Verbesserung seiner Fehler arbeiten. Wenn ein Gespräch so abläuft, kann es trotz zahlreicher heikler Momente sehr motivierend wirken. Der Kritisierte fühlt sich ernst und in die Pflicht genommen, seinen Teil zur Problemlösung beizutragen. Seine Argumente werden nicht vom Tisch gewischt, sondern in Ruhe angehört und diskutiert. Er hat sich so mehr oder weniger freiwillig bereit erklärt, an der Problemlösung mitzuwirken. Wenn Sie ihm jedoch mit der verbalen Keule auf die Fontanelle schlagen, so werden Sie sehr rasch ein Schutzverhalten provozieren, das eine Lösung des Konfliktes blockiert und extrem zermotivierend wirkt. Der Mitarbeiter wird fleißig mit dem Kopf nicken, zerknirscht blicken und Besserung versprechen. Innerlich aber wird er auf Durchzug schalten und den Moment herbeisehnen, an dem er Ihr Büro verlassen kann.

- Wenn Sie ein Gespräch mit einem Mitarbeiter geführt haben, so bitte ich Sie, diesen auf jeden Fall an Ihrer Sekretärin vorbei bis hinaus auf den Gang zu begleiten. Diese paar Meter sind für Kritisierte ein mentales Spießrutenlaufen – egal wie diskret Ihre Sekretärin ist.

- Wenn Sie ein Gespräch geführt haben, das einigermaßen kritisch war, so sollten Sie auf jeden Fall versuchen, am nächsten Tag zumindest telefonisch mit dem Mitarbeiter kurz Kontakt aufzunehmen.

Arbeitskreise und Workshops: Zeitverschwendung oder unverzichtbares Hilfsmittel?

Wenn wir von Motivation, von Unternehmenskultur, von menschlichen Arbeitsbedingungen und mehr reden und dabei nicht nur Theorien besprechen, sondern wirksame Hilfen für erfolgreiche Veränderungen aufzeigen wollen, so kommen wir nicht umhin, uns einmal den Ablauf derartiger Aktivitäten anzusehen. Schließlich haben Sie dieses Buch gekauft, um entweder selbst regulierend eingreifen zu können oder um Aktivitäten anderer besser beurteilen zu können, bevor Sie Entscheidungen treffen. Neben kleinen, aber wirkungsvollen Dingen, die meist schon genügen, um entscheidende Impulse zu setzen, ist es oft nötig, in größerem Maße aktiv zu werden. Eine Vielzahl kleiner Hilfen und Ideen finden Sie weiter hinten in diesem Buch.

Jetzt befassen wir uns einmal kurz mit einem richtig ernst zu nehmenden Projekt, das uns helfen soll, entscheidende Veränderungen im Unternehmen vorzunehmen, um Motivation und Spaß an der Arbeit wieder durchschlagen zu lassen.

„Wir meeten uns zu Tode!", schimpfte ein bekannter Manager vor Kurzem, als er wieder einmal nach zwei Stunden eine Besprechung verließ, bei der außer Zeitnot absolut nichts Neues entstanden war. Er hat damit nicht unrecht. In den meisten Unternehmen konnten wir bisher immer rund ein Drittel der wöchentlichen Besprechungen streichen, ohne dass dies zu nennenswerten Informationsverlusten geführt hätte.

Ich möchte Ihnen nun ein Beispiel unserer täglichen Arbeit aufzeigen, das Ihnen erklärt, wie wir als „reparierendes und unterstützendes" Team meist vorgehen: Wenn ich mit meinen Mitarbeitern gebeten werde, in Unternehmen „etwas anzuschieben", so ist – neben der Mitarbeiterbefragung – die „Denkfabrik" das wichtigste Hilfsmittel. Diese Kombination aus Brainstorming, Workshops, kleineren Arbeitskreisen und Projektgruppen geht mit individuellen Trainings- und Schulungsmaßnahmen sowie mit persönlichen Beratungen und Hilfestellungen einher. Der Grund, warum wir diesen Weg gehen – und nicht einfach irgendetwas Neunmalkluges oder „Einzigartiges" (wie zum Beispiel Feuerlaufen, Kampfliedersingen oder andere obskure Motivationsmethoden) durchführen – geschieht in der Absicht, von Anfang an möglichst viele Mitarbeiter in die geplanten Projekte aktiv einzubinden. Dies erfordert jedoch große Flexibilität aufseiten der Mitarbeiter und des Managements, denn die tägliche Arbeit darf unter den zusätzlichen Anforderungen nur minimal in Mitleidenschaft gezogen werden. Aus diesem Grund ist es wichtig, dass alle Aktivitäten, die ein hohes Maß an Zeit beanspruchen, so professionell wie möglich geplant sind. Solide Vorarbeit ist deshalb bei der Planung eines derartigen Projektes eine absolute Notwendigkeit!

Nachfolgend möchte ich Ihnen einmal einen kurzen Abriss geben, wie Sie eine Denk- und Emotionslawine in Ihrem Unternehmen lostreten können, die – so sie konsequent umgesetzt und gesteuert wird – mehr Umsatz generiert als umfangreiche Rationalisierungs- und Umstrukturierungsmaßnahmen.

Schritt Nummer 1:

Voraussetzung für die Durchführung eines derartigen Projektes ist, dass sich die gesamte Unternehmensführung innerlich und äußerlich aktiv (!) einbringt und mit den Mitarbeitern an der gemeinsamen Sache arbeitet. Lippenbekenntnisse, anfeuernde Slogans in der Hauszeitung und bunte Buttons am Jackenkragen nützen da wenig. Dem Projekt wird also ein erster kleiner Workshop vorausgehen, in dem sich alle Führungskräfte bis zu einer bestimmten Ebene treffen. In ihm werden die gemeinsamen Ziele, die Wege dorthin und die nötigen Spielregeln zwingend vereinbart. Es ist sehr sinnvoll, diesen Workshop von einem externen Spezialisten leiten und moderieren zu lassen. Nur er ist – als Außenstehender unbelastet – imstande, störende Strömungen frühzeitig zu erkennen und gegensteuern zu können.

Normalerweise dauert so ein Workshop zwei bis drei Tage. Er sollte an einem störungsfreien Ort und am besten am Wochenende durchgeführt werden. Dieser Workshop kann (wie alle nachfolgenden auch) nur erfolgreich sein, wenn alle Beteiligten konstruktiv „am gleichen Strang ziehen".

Schritt Nummer 2:

Im Rahmen einer umfangreichen Mitarbeiterbefragung werden Meinungen, Hinweise und Anregungen gesammelt. Niemand wird ausgenommen. Ob die Befragung anonym oder offen durchgeführt wird, hängt „von der Lage der jeweiligen Nation" ab. Erfahrungsgemäß sind anonyme Befragungen erst einmal aussagekräftiger, da Strömungen leichter zu erkennen sind, wie ich bereits früher festgestellt habe. Persönliche Gespräche in Kleingruppen vertiefen dann gewonnene Eindrücke. Die Auswertung erfolgt durch ein (sinnvollerweise auch externes) Team, das auch an dem ersten Workshop teilgenommen hat. Um einen ungestörten Ablauf zu gewährleisten, sollten hier diverse BVG-Paragrafen beachtet und der Betriebsrat frühzeitig eingeschaltet werden.

Die Befragung sollte – wie das gesamte Projekt – adressatengerecht formuliert, konstruktiv und freundlich sowie sehr frühzeitig allen Mitarbeitern mitgeteilt werden.

Schritt Nummer 3:

Die Arbeitsergebnisse des ersten Workshops und die Auswertung der Mitarbeiterbefragung werden miteinander abgeglichen. Oft zeigt sich schon hier, dass das Management vom Elan der Mitarbeiter überrascht ist und dass es in völlig falschen Dimensionen und Richtungen gedacht hat. In diesem weiteren Treffen mit den Führungskräften wird der Startschuss für die eigentliche Arbeit gegeben. Ein detailliertes Konzept wird erstellt und immer wieder überprüft. Hier kann die Anzahl der Pinnwände nicht groß genug sein!

Noch einmal werden zahlreiche Punkte abgeklopft, bevor es richtig losgeht. Hier ein kleiner Ausschnitt:

- Stimmen die bisherigen Schritte? Der Vision folgt der definitive Entschluss, etwas ändern zu wollen. Das Rohkonzept zeigt erste Möglichkeiten auf, wie Veränderungen vorgenommen werden könnten. „Futter" aus allen Bereichen des Unternehmens verbreitert die Wissensbasis, auf der das Detailkonzept erstellt wird.

- Stehen die nun anzugehenden Ziele in irgendeinem Widerspruch zu Leitlinien, die weniger als zwei Jahre zuvor definiert wurden?

- Stehen den Chancen zur Erreichung der neuen Ziele in entscheidenden Punkten Argumente aus der Mitarbeiterbefragung entgegen?

- Sind die Ziele so eindeutig und konstruktiv definiert, dass sich alle (!) Mitarbeiter im Unternehmen damit identifizieren können?

- Sind die Ziele überhaupt mit den vorhandenen Mitteln erreichbar?

- Sind die Zeiträume bis zum Erreichen von Zwischen- und Endergebnissen klar und eindeutig definiert?

- Stellt der vorgesehene Aktionsplan eine lückenlose Kette von Aktionsprogrammen dar? Gibt es genügend Kontrollstationen im Ablauf?

- Stimmen die Kommunikationswege, mit deren Hilfe der Plan umgesetzt werden soll?

- Sind die Zuständigkeiten im Management klar definiert? Es darf keinerlei Raum für Ausweichmanöver und Querdelegationen geben.

- Wurden und werden Sinn und Zweck des Projektes von allen wirklich verstanden? Dieser wichtige Punkt muss – wie zahlreiche andere – immer und immer wieder überprüft werden. Nur wenn sich alle im Unternehmen voll mit den Projektzielen identifizieren, wird der Plan erfolgreich abzuschließen sein.

Schritt Nummer 4:

Projekt, Aktionsplan und Verfahrensweisen werden nach „unten" kommuniziert. Dies ist der heikelste Moment des gesamten Projektes! Werden hier Fehler gemacht, so scheitert das Projekt, bevor es richtig angefangen hat. Dann sind alle

Workshops und Besprechungen wirklich Zeitverschwendung gewesen! Man achte zu diesem Zeitpunkt auf extreme Offenheit, auf einen konstruktiven und freundlich-fröhlichen Ton sowie auf eine hohe Informationsfrequenz.

Finden Projekte als Reparaturmaßnahmen in Unternehmen mit massiven Kommunikationskonflikten statt, so ist dieser Projektschritt noch heikler als er es ohnehin schon ist. Führungskräfte, die erkennbare Führungsschwächen haben, müssen unauffällig für einige Zeit aus dem Projekt „ausgekoppelt werden", um frühzeitige Blockaden der Mitarbeiter zu vermeiden. Mit diesen Führungskräften muss in Kleingruppen gearbeitet werden, um eventuell schwierige Verhaltensweisen in den Griff zu bekommen.

Schritt Nummer 5:

Nun folgen mehrere relativ zeitraubende Aktivitäten parallel. Je nach individuellen Anforderungen werden Mitarbeiter in Brainstormings und „Denkfabriken" eingebunden und / oder erhalten das nötige Wissen, um selbstständig erfolgreich Fehler in Prozessabläufen erkennen zu können.

In den Brainstormings werden zu bestimmten vorgegebenen Generalthemen alle Ideen gesammelt, die es irgendwie gibt. Wir achten dabei immer auf eine gute Mischung der Teilnehmer. Mehr als einmal kamen die besten Ideen und Vorschläge von Menschen, deren Tätigkeitsfeld weit ab von der Problemstellung lag.

Nach dem Sammeln erfolgt das Eingrenzen. Die gesammelten Vorschläge werden gemeinsam auf Tauglichkeit, Realisierbarkeit und Wichtigkeit von den Teilnehmern überprüft. Eine bestimmte Anzahl von so entstehenden Teilprojekten kristallisiert sich rasch heraus. Wache Moderatoren achten darauf, dass diese Teilprojekte beider Bedürfnisse erfüllen: die des Unternehmens und die der Mitarbeiter.

Denkfabriken schließen sich an. Entweder in größeren Gruppen oder in kleinen Teams werden erste, generelle Lösungsansätze zu den im Brainstorming ermittelten Aufgabenstellungen erarbeitet. Dies geschieht zweckmäßigerweise im Rahmen ein und derselben Veranstaltung. Bei großen Unternehmen bedeutet das einen nicht unerheblichen logistischen Aufwand, da unter Umständen dreißig dieser Treffen organisiert werden müssen. Parallel dazu können nun diverse Trainingseinheiten und Schulungen durchgeführt werden, um Hindernisse zu beseitigen.

Prozessoptimierung erfordert erst einmal das Wissen, wie Fehler im optimalen Ablauf überhaupt erkannt werden können. Sie würden überrascht sein, wie rasch selbst ungelernte Arbeiter die Funktionsweise von Flussdiagrammen nicht nur begreifen, sondern auch in ihrem Arbeitsbereich anwenden. Kommunikationshindernisse werden nicht durch irgendwelche theoretischen Ansätze ausgeglichen, sondern durch unterhaltsame Seminare, in denen verständlich wird, warum der Kommunikationspartner vielleicht nicht so wie erwartet reagiert.

Schritt Nummer 6:

Kontrollpunkte werden aktiviert. An zahlreichen Stellen sind im Projekt Überprüfungen durch die Projektleitung vorzunehmen. Diese Überprüfungen dienen weniger dem Zweck, Mitarbeitern auf die Finger zu schauen und die Sache nicht zu teuer werden zu lassen, als der Möglichkeit, eventuell helfend und Mut machend einzugreifen.

Im Idealfalle werden diese „Kontrollen" in direktem Gespräch zwischen einem Mitglied der Projektleitung, dem jeweiligen Vorgesetzten und dem Team vorgenommen. Nur bei Mammutprojekten in Großunternehmen sollte man die Kontrollen über den Postweg vornehmen. Besser geeignet sind Satelliten des Projektmanagements (also Vertraute in eigens dafür eingerichteten Anlaufstellen), die dann näher am Ball sind als die Zentrale.

Zu diesem Zeitpunkt sind zahlreiche Projektgruppen bei der

Arbeit. Diese wird jedoch nur dann intensiv geleistet, wenn das Ganze reichlich Spaß macht. Wir achten immer darauf, dass das Ambiente in den Projektgruppen mit Unterhaltung und spielerischen Wettbewerben locker bleibt.

Genauso wichtig ist die Kontrolle über den Stand der jeweiligen Detailprojekte. Es kann sehr gut passieren, dass im Verlauf der Arbeit zusätzliche Teilprojekte gestartet werden müssen, so dass rasch der Überblick verloren gehen kann, wenn kein permanentes Projektmanagement vorhanden ist.

Neben der Möglichkeit des konstanten Reports (E-Mai/Wandzeitungen/Pinnwände) bietet sich die Organisation von Veranstaltungen an, bei denen Zwischenergebnisse präsentiert werden. Nichts ist für ein derartiges Projekt wichtiger als das stete Feedback, die Rückmeldung des jeweiligen Projektstandes an alle Beteiligten!

Der Zeitbedarf für die ersten fünf Schritte beträgt nach unserer Erfahrung je nach Größe des Unternehmens zwischen zwei und vier Quartalen. Da in der heutigen Zeit in drei Quartalen komplett neue Marktgegebenheiten entstehen können, die manchmal ein rasches Umdenken und Umlenken erfordern, besteht die Gefahr, dass einmal angefangene Projekte „zugunsten" anderer, nun dringend nötiger Dinge gestoppt werden. Versuchen Sie unbedingt, angefangene Projekte zumindest zu einem verwertbaren Teilergebnis zu führen, bevor Sie diese stoppen! Wenn sich Ihr Unternehmen und seine Mitarbeiter erst einmal an Brainstormings und Workshops gewöhnt haben, ist es kein Problem, das Ganze direkt nach Abschluss des Projektes erneut zu starten. Zahlreiche Unternehmen in Deutschland haben dies erkannt und den Prozess der „kontinuierlichen Verbesserungen" von laufenden Arbeitsprozessen mit all seinen Brainstormings, Workshops und Projektteams fest etabliert.

Um sich jedoch bei diesen Vorgängen nicht „zu Tode zu meeten", ist es nötig, einige Dinge zu beachten:

- Allen beteiligten Mitarbeitern müssen Freiräume geschaffen werden, um an den Projekten arbeiten zu können. Ich meine damit nicht nur zeitliche, sondern auch räumliche Möglichkeiten. Die später in diesem Buch angesprochenen Anwesenheitskontrollen sind dann mehr als störend.
- Besprechungen, Workshops und andere Veranstaltungen müssen kurz und präzise durchgeführt werden. Dazu gehört die Erstellung einer genauen Agenda ebenso wie die Pflicht jedes Teilnehmers, sich umfassend auf das Treffen vorzubereiten.

  Das Einhalten von Terminen ist absolute Pflicht. Wir führen jedes Mal große Sparschweine ein, in die der Zuspätkommende für jede Minute einen (manchmal nicht unerheblichen) Betrag einwerfen muss. Da kommen am Anfang erhebliche Summen zusammen, die entweder einem gemeinnützigen Zweck gespendet oder später verfeiert werden.
- Viele Menschen müssen erst lernen, sich kurz, präzise und unmissverständlich auszudrücken. Während ich hier munter drauflosplaudernd schreibe, sind klar strukturierte Sätze in meiner täglichen Arbeit unverzichtbar. Dies muss unter Umständen geschult werden, um Besprechungen kurz zu halten.

Für und wider die berüchtigten „Rennlisten"

Sie gelten in vielen Unternehmen immer noch als das „ultimative Motivationswerkzeug!" Jeden Monat werden sie entweder in Glaskästen gesteckt, auf Korktafeln gepinnt oder über E-Mail versandt. Sie sind der (anscheinend) unabhängige, neutrale, nicht manipulierbare und brutal deutliche Beweis, wie gut man ist. Sie scheinen zu beweisen, dass man noch gut genug ist – oder dass man überhaupt eine Chance hat, „gegen die anderen anzukämpfen".

In zahlreichen Unternehmen ist für das Ansehen eines Mitarbeiters einzig und allein sein Platz in der Rennliste (dem einzig objektiven Leistungsnachweis?) der Maßstab.

Vorgesetzte hören den „Top Fünf" der Rennliste lieber und öfter zu als den „Last Five". Und wenn es darum geht, finanzielle oder materielle Hilfen zu verteilen, dann stehen ebenfalls die „Besten" (?) in vorderster Reihe. Ganz nach dem bewährten (?) Prinzip: Wer etwas leistet, der wird belohnt. So einfach ist das.

Manchmal frage ich mich, ob Führungskräfte sich überhaupt Gedanken machen, was sie da anrichten! Eigentlich müssten sie es wissen. Denn viele von ihnen sind selbst durch diese mentale Tretmühle der Rennlisten gegangen, bevor sie in Führungspositionen kamen. Aber das scheint alles vergessen zu werden, sobald man endlich eine einigermaßen ranghohe Position im Unternehmen erreicht hat und für andere Menschen verantwortlich ist.

Lassen Sie uns doch einmal diese Rennlisten aus der Sicht eines Betroffenen betrachten. Schon kurz nach seinem beruflichen Eintritt in das Vertriebsteam – sagen wir einer Versicherung – hört „der Neue" dieses magische Wort „Rennliste". Er hört es zum ersten Mal. An der Universität kam das nicht vor. Da tragen manche seiner erfahreneren Kollegen einen richtiggehenden Nimbus mit sich herum: Denn ihr Name steht in der „Rennliste" ganz oben!

Und eines Tages – nach den ersten abgeschlossenen Verträgen – findet der neue Mitarbeiter plötzlich seinen Namen auch auf diesen Listen im Gang zwischen den Büros. Ganz unten und fast nicht mehr zu lesen. Sehr schnell wird ihm klar, dass einzig und allein die Position seines Namens auf der Liste als Qualitätsmaßstab gilt. Es zählt wenig, dass er einer der innovativsten Denker im Vertriebsbereich ist und dass er das Zeug zum perfekten Teamarbeiter hat, der viele seiner Kollegen mit hervorragenden Ideen versorgen könnte. Jeder im „Vertriebsteam" kämpft ja für sich allein! Gemeinsamkeit wird nur verbal praktiziert: In den Aufforderungen des Vertriebsleiters zu noch mehr Leistung und auf der alljährlichen Vertriebstagung. Aber auch da zählt eigentlich nur der Platz auf der Rennliste! So bleibt wenig Zeit und Lust, mit Kollegen – die ja die Konkurrenten auf eben dieser Liste sind – gemeinsam an neuen und Erfolg versprechenden Konzepten zu feilen.

Lassen Sie mich zu diesem Zeitpunkt für kurze Zeit die Örtlichkeit wechseln. Verlassen wir das Versicherungsunternehmen und begeben wir uns hinaus aufs Land. Auf einen kleinen Bauernhof, der seine Hühner noch frei auf dem Hof herumlaufen lässt.

Auf dem Hof erblicken wir zehn Hühner, die alle lustig vor sich hin gackern und Körner picken. Bei genauerem Hinsehen erkennen wir jedoch, dass es bei den Hühnern einige optische Unterschiede gibt. Da laufen einige Hühner herum, die wohlgenährt und mit glänzenden Federn selbstbewusst am Körnertopf stehen. Sie haben sichtlich mehr recht, sich mit Futter zu versorgen als einige andere Hühner. Die sehen wesentlich weniger gepflegt und gesund aus. Sie dürfen auch erst an den Futtertopf, wenn die wohlgenährten genug gefressen haben. Irgendwo auf dem Hof picken auch einige Hühner herum, die einen sehr unterernährten und fast kranken Eindruck machen. Ihnen fehlen eine Menge Federn – von Elan und stolzem Gackern kann keine Rede sein.

Schon nach relativ kurzer Zeit erkennen wir, dass es zwischen diesen Hühnern eine ganz klare Rangordnung gibt, die durch gegenseitiges Hacken mit dem Schnabel kommuniziert wird. Wir erkennen also eine Hackordnung. Da gibt es ein Huhn, das darf als erstes an den Futtertopf. Es bekommt auch den besten Schlafplatz auf der Stange. Ganz oben, wo es am sichersten ist. Und weil es so gesund und sorgenfrei lebt, legt es auch die meisten und größten Eier! Ein anderes Huhn darf erst an den Topf, wenn das erste Huhn es gestattet. Huhn Nummer zwei schläft schon an einer etwas ungünstigeren Stelle auf der

Stange. Es ist morgens dadurch wesentlich müder und legt folglich auch etwas weniger Eier. Dann gibt es da ein drittes, ein viertes und ein fünftes Huhn – und so weiter.

Bis zum zehnten und letzten Huhn. Dieses Hühnchen findet kaum mehr was zum Fressen. Die anderen haben fast alles weggepickt. Es muss auf dem Boden schlafen, von Milben und Mäusen geplagt, hochbesorgt, nicht vom Fuchs gefressen zu werden. Schlaf- und Futtermangel sowie permanente Diskriminierung schlagen diesem Tier schwer auf die Gesundheit. Sein Gefieder ist sichtlich mitgenommen. Es ist dünn und unterernährt. Sein letztes Ei hat es vor Wochen gelegt …

Es gibt also offensichtlich irgendetwas, das vom ersten Huhn besser beherrscht wird als vom zweiten. Irgendetwas muss dieses erste Huhn wissen oder können, das ihm das Recht gibt, sich Privilegien herauszunehmen. Und das zweite Huhn kann irgendetwas, was das dritte nicht kann. Und so weiter …

Nun kommt eines Tages die Bäuerin auf die Idee, eine Hühnersuppe zu machen. Sie geht auf den Hof und sieht sich ihre Hühner an. Da sie nicht auf die vielen Eier der wohlgenährten Hühner verzichten möchte, ergreift sie mit der linken Hand zielsicher das zehnte (das in der Rangordnung letzte) Hühnchen – und mit der rechten Hand die wohlgeschliffene Axt. Kurz danach haben sich die Probleme für das zehnte Hühnchen mit einem Schlag erledigt!

Doch jetzt hat plötzlich das neunte Hühnchen ein ernst zu nehmendes Problem! Und da es wenig Lust hat, den Weg seiner Kollegin zu gehen, wird es sich mit aller Kraft bemühen, herauszufinden, was das achte Huhn denn besser kann als es selbst. Das achte Huhn wird jedoch alles daran setzen, sein Wissen und Können verdeckt und für sich zu behalten. Denn nur, wenn es einen Wissensvorsprung gegenüber der Kollegin Nummer neun hat, kann es sich einigermaßen sicher fühlen. Und so geht das fieberhafte Suchen nach den Stärken des jeweils oberen Huhnes ebenso weiter, wie das Abschirmen der eigenen Fähigkeiten nach unten.

Warum kommt die Bäuerin eigentlich nicht auf die Idee, den schwachen Hühnchen gezielt „auf die Beine zu helfen", indem sie zum Beispiel etwas abseits einen zusätzlichen Körnertopf aufstellt, an dem andere nicht vorher das Futter wegfressen oder indem sie den schwachen Hühnchen ein eigenes Terrain zuweist, wo diese ihre Fähigkeiten besser entwickeln können? Viele der schwachen Hühner würden so auch zu starken werden. Etwas langsamer, aber sie würden es schaffen. Die Bäuerin hätte dann bald lauter starke Hühner und besonders viele Eier. Sie hat darüber nie ernsthaft nachgedacht und ist deshalb nur stolz auf die starken Hühner in der vordersten Reihe der Leistungskurve.

Sie merken sicher schon, worauf ich hinaus möchte. Kehren wir zurück zu unserem Versicherungsunternehmen.

Unser neuer Mitarbeiter hat vor Kurzem den Hühnerhof – Korrektur – das Aktionsfeld des Vertriebs betreten und muss nun möglichst rasch versuchen, genügend Futter zu bekommen.

Er ist hoch motiviert und geht sofort daran, seine Kollegen um Rat zu fragen und ihnen seine eigenen Ideen vorzustellen. Zu seinem Entsetzen stellt er jedoch rasch zwei Dinge fest:

1. Seine Kollegen haben keine Zeit und nicht das geringste Interesse, ihm mit Rat und Tat zur Seite zu stehen.
2. Seine Kollegen kommentieren alle seine innovativen Ratschläge abschätzig und disqualifizierend – um sie wenig später heimlich in der eigenen Arbeit anzuwenden.

Es dauert nur wenige Wochen, bis er begreift, dass nur eines (!) zählt, um erfolgreich Karriere zu machen: Er muss alle beiseite stoßen, um sich allein an die Spitze der Rennliste vorzukämpfen. Zusätzlich muss er umgehend genügend Wissen ansammeln, um einen sicheren Platz in der Vertriebsmannschaft zu erhalten. Er muss sich aber nicht nur Fachwissen aneignen, was durch das Lesen von entsprechender Literatur oder durch Seminare möglich wäre. Nein – er muss sich vor allem auch das Wissen aneignen, wer wem welche Tricks verrät und wer über bestimmte Dinge in der Firma mehr weiß als andere. Unser Mitarbeiter wird einen großen Teil seiner Energie und seiner Zeit dafür einsetzen. Beides fehlt ab sofort an anderen Stellen.

Ich kenne Manager, die eine derartige Hackordnung zum Credo erhoben haben und sich an den Kämpfen der Rivalen weiden. Kurzfristig geben diesen Managern sogar die Umsatzzahlen recht. Gott sei Dank nur kurzzeitig. Dann sacken Zahlen und Motivation in den Keller. Das ist gut so! Denn dadurch bekommen mein Team und ich wieder neue Arbeit.

Aber dieser Buchabschnitt will ja „Tipps und Tricks" vermitteln. Deshalb auch hier einige konstruktive und verwertbare Überlegungen und Werkzeuge.

Generell spricht erst einmal nichts gegen einen Leistungswettbewerb. Man kann sich nur verbessern, wenn man seine eigene Leistung an irgendeinem Maßstab orientiert. Gegen Rennlisten (also Rangordnungen, die an Umsatz- oder Verkaufszahlen ausgerichtet sind) ist demnach grundsätzlich nichts einzuwenden. Obwohl Umsatz- oder Verkaufszahlen eine mehr als ungeeignete Messlatte sind. Wie bei so vielen Dingen ist jedoch die Frage, was der Mensch daraus macht! In zahlreichen Unternehmen stellen die Rennlisten das einzige Bewertungskriterium für Mitarbeiter im Vertrieb dar. Führungskräfte, die ausschließlich diesem Kriterium folgen, lassen sich eine große Chance durch die Finger gleiten. Die Rennliste verleitet dazu, kurzfristig rasche Erfolge vorweisen zu können. Alle längerfristigen Aktionen werden hintenangestellt.

So kann es sehr gut sein, dass Verkäufer sehr wohl sehr erfolgreich sein könnten, wenn sie sich nur etwas mehr um ein paar äußerst erfolgversprechende „halbwarme" Akquisitionen kümmern würden. Aber diese Akti-itäten treten hinter den „Abverkauf" kleinerer, dafür jedoch häufiger vorkommender Auftragsmengen zurück. Zwanzig kleine Maschinen verkaufen sich rascher als eine große komplette Anlage. Und sie bringen auch scheinbar schneller mehr Umsatz und damit rascher einen besseren Platz in der Rangliste. Die große Maschinenanlage allerdings würde umfangreiche Wartungsverträge nach sich ziehen und wäre der erste Testauftrag eines großen Unternehmens, das – so alles zur Zufriedenheit abläuft – mit Sicherheit noch eine ganze Reihe der großen Anlagen bestellen würde. Auch das wäre ein Sprung nach oben in der allgegenwärtigen Rangliste. Aber bis es soweit wäre, würde es viel zu lange dauern. Bis dahin hätte man wenig Geld verdient, an Image verloren und (wichtig) einen echten Knick im Karriereplan zu befürchten.

Viele Unternehmen versuchen, diesem Effekt durch die Bildung von Key-Account-Verkaufsteams zu begegnen. Deren Ranglisten basieren auf anderen, jedoch oft nicht weniger zermotivierenden Vorgaben. Was aber tut ein Unternehmen, in dem es keine Kapazitäten zur Aufstellung eines Key-Account-Teams gibt? Und überhaupt – was macht man mit Mitarbeitern, deren Leistung sich nicht im Rahmen von Rennlisten bewerten lässt?

Überprüfen Sie doch einmal in Ruhe und über längere Zeit hinweg den Status quo in Ihrem Unternehmen:

- Wie „ernst" nehmen Ihre Mitarbeiter den Platz in der Rennliste? Beobachten Sie, wie Ihre Mitarbeiter mit den Tabellen umgehen. „Nageln" sie diese vor ihren Schreibtisch? Lassen sie alles stehen und liegen, wenn die neuen Listen an das Schwarze Brett geheftet werden, um ihren Platz zu überprüfen?
- Wie hart umkämpft sind die vorderen Plätze? Existieren Aktionen, die zwischen den Wettbewerbern hart an der Grenze zum Unfairen verlaufen? Werden Informationen bewusst zurückgehalten, um Konkurrenten zu erschwerten Bedingungen zu „verhelfen"?

- Wie gut kommunizieren Ihre Verkäufer miteinander? Gibt es abwertende, neidische Kommentare gegenüber den Erfolgreichen? Gehen die Konkurrierenden miteinander sehr sarkastisch oder polemisch um? Fragen Sie manche Mitarbeiter, ob sie bemerkt hätten, dass sie in den neuesten Listen ein paar Plätze nach oben gerückt sind – und achten Sie auf ihre Reaktion?
- Wird das eventuelle Hauen und Stechen um vordere Plätze von Ihnen oder Ihren Managern vielleicht auch noch bewusst gefördert? Wird in Besprechungen und Tagungen dieses Thema überproportional häufig als Kriterium für Leistungsbewertung vorangestellt?
- Wie viel Zeit und Förderung widmen Sie tatsächlich den „Last Five" und wie viel den „Top Five"?
- Wie sehen die Resultate der von Ihnen ausgeschriebenen Incentiveprogramme aus? Gewinnen immer dieselben Mitarbeiter? Wie reagieren diejenigen, die nie daran teilnehmen dürfen?
- Was tun Sie für Mitarbeiter außerhalb des Verkaufs, bzw. welche Motivationsinstrumente setzen Sie für Mitarbeiter ein, die für den Verkauf zwar wichtig sind, die jedoch nicht direkt an der Verkaufsfront stehen? (z. B. Vertriebsinnendienst, Back-up-Service u. a.)
- Wie gut ist das Verhältnis zwischen Vertriebsaußendienst und seinem zuständigen Innendienst? Gibt es hier Neideffekte? Jedes Incentive für den Außendienst ist zugleich zermotivierend für den Innendienst.
- Was tun Sie für Ihre Mitarbeiter, die nicht im (leicht bewertbaren) Vertriebsbereich tätig sind?
- Wie hoch sind die Ansprüche Ihrer „Gewinner" an die Perfektion oder die Originalität Ihrer Incentivereisen? Auf Deutsch: Wie verwöhnt sind Ihre Mitarbeiter?
- Wie hoch ist der Druck, der von den Vertriebsmitarbeitern auf Sie als Verkaufsleiter (bzw. Vorgesetzter) ausgeübt wird?

Sollten Sie zu der Erkenntnis kommen, dass Sie alle Fragen so beantworten können, dass keinerlei Gefahr für Zermotivierung gegeben ist, so beglückwünsche ich Sie als eine der seltenen Führungskräfte in einem perfekt agierenden Team. Sie dürfen sich eine Tasse Kaffee holen und die nächsten Zeilen flüchtiger lesen ...

In allen anderen Fällen sollten Sie jetzt einfach konzentriert weiterlesen. Nachfolgend gebe ich Ihnen einige Denkanstöße, die Sie schon kennen und die Sie bei den nötigen Modifikationen und Änderungen unterstützen sollen:

Wie „ernst" nehmen Ihre Mitarbeiter den Platz in der Rennliste?
Wie hart umkämpft sind die vorderen Plätze?
Wird das eventuelle Hauen und Stechen um vordere Plätze von Ihnen oder Ihren Managern vielleicht auch noch bewusst gefördert?

Wenn diese drei Fragen mehr oder weniger mit „ja" zu beantworten sind, dann wird es höchste Zeit, dass Sie etwas ändern.

- Sie müssen (!) aus der Jagd nach vorderen Plätzen in den Rennlisten einen sportlichen Wettbewerb machen und keine „existenz- und imageentscheidende Erfolgspresse"! Dies ist weitgehend eine Frage der Kommunikationskultur.
- Ändern Sie den Zeitraum, in dem Sie die Rennlisten herausgeben! Nicht monatlich. Besser quartalsweise oder halbjährlich. Dann haben auch die eine Chance, die aus irgendwelchen Gründen hinterherhinken.
- Hören Sie auf, in Ansprachen, Rundbriefen und Meetings immer nur die zu loben und als beispielhaft vorstellen, die vorne mit dabei sind! Dadurch geben „Schwache" früher auf. Die Leistungen der Besten werden dadurch nicht schlechter werden.

- Installieren Sie gezielt Sonderincentives für diejenigen Mitarbeiter, die sich längere Zeit auf den hinteren Plätzen der Rangordnung bewegen.
- Vereinbaren Sie mit diesen Mitarbeitern in Vieraugengesprächen persönliche, kurzfristig leicht erreichbare Teilziele. Diese werden dann zwar nicht sofort zu einem besseren Platz in der Rangliste führen, auf Dauer jedoch für eine konstant gute Leistung sorgen.
- Finden Sie heraus, was der wirkliche Grund für das Leistungsdefizit ist. Hierbei sind Sie nur dann erfolgreich, wenn Sie diesen Mitarbeitern viel Zeit widmen. Coachen Sie die Schwachen und Sie werden eine größere Zahl Starke erhalten.
- Spielen Sie den Wert der Ranglisten herunter, wann immer Sie nur können! Vorausgesetzt, Sie als Führungskraft können das bei sich selbst (in Ihrer ureigensten Einstellung zu Ihrer Arbeit) umsetzen! Einen vorderen Platz in einer Rangliste zu erreichen, muss Spaß machen! Sobald das Ganze zum Zwang wird, gehen dafür Unmengen an Energie sinnlos verloren.
- Versuchen Sie zu vermeiden, dass Sie allen Mitarbeitern das gleiche Tempo vorgeben! Arbeitsweisen und persönliche Hemmnisse sind unterschiedlich – ebenso die Resultate, wenn fünf das gleiche tun.
  Sobald Sie mehrere Personen mit gleichen Zielen und Anforderungen über einen Kamm scheren, üben Sie unbewusst zusätzlichen, hemmenden Druck auf einige von ihnen aus. Geben Sie ein bestimmtes, nicht zu hohes Tempo vor. Und dann beeilen Sie sich, den etwas langsameren zur Seite zu stehen.
- Die besten Rennlisten sind diejenigen, die nur einen einzigen Teilnehmer haben … Also individuelle Ziele! Jeder muss sich selbst übertreffen …

Wie sehen die von Ihnen ausgeschriebenen Incentivepro-
gramme aus?
Was tun Sie für Mitarbeiter außerhalb des direkten Verkaufs?
Wie gut ist das Verhältnis zwischen Vertriebsaußendienst
und seinem zuständigen Innendienst?
Wie hoch sind die Ansprüche Ihrer „Gewinner" an die Per-
fektion oder die Originalität Ihrer Incentivereisen?

- Überlegen Sie, ob Sie nicht durch Incentives für Vertriebsmitarbeiter Ihre – nicht weniger wichtigen – Mitarbeiter im
  Innendienst zermotivieren. Viele dieser Kollegen „hinter
  den Kulissen" haben es einfach satt, immer wieder von be-
  lohnten Außendienstlern zu hören, die ohne ihre fleißige
  Zuarbeit längst nicht so erfolgreich wären! Beobachten Sie
  sehr genau, wie der Innendienst auf Außendiensterfolge
  reagiert. Mehr dazu auch im Kapitel „Wie finde ich bloß
  heraus ...".
- Sind Sie mit Ihren Incentives beim „Überlebenstraining
  auf der Eisscholle" angelangt? Nichts nützt sich so rasch
  ab, wie immer neue „einfach wunderbare Erlebnisreisen",
  die als Incentivepreise eingesetzt werden. Beobachten Sie,
  wie viel Freude Sie tatsächlich mit der Vergabe einer derartigen Reise hervorrufen. Sie werden erschrocken sein,
  wie selbstverständlich von den Gewinnern diese Prämien
  hingenommen werden.

Wie hoch ist der Druck, der von den Vertriebsmitarbeitern auf
Sie als Verkaufsleiter (bzw. Vorgesetzter) ausgeübt wird?

- Werden Sie häufiger von Mitarbeitern angesprochen und
  mit Ankündigungen von kommenden Verkaufserfolgen
  oder mit Ausreden über noch nicht erfolgte (aber zuge-
  sagte) Erfolge konfrontiert? Wenn ja, dann versuchen diese
  Mitarbeiter, etwas von dem durch die Rennlisten erzeugten
  Leistungsdruck abzulegen, indem sie „vorbeugend" ihre

Erfolge ankündigen. Sie investieren dabei viel Zeit, um IHNEN zu gefallen und damit vielleicht doch noch Anerkennung zu finden, obwohl sie in den Rennlisten vielleicht etwas abgefallen sind.

Incentive oder nicht Incentive? Das ist hier die Frage!

Es ist genauso schwer, das Thema „Incentive" umfassend abzuhandeln wie das Thema „Rennlisten". Diese mehr oder weniger teuren Belohnungen für mehr oder weniger gute Leistungen haben mehr oder weniger langfristigen Erfolg.

Die Belohnung (der zu gewinnende Preis) bei einem Leistungswettbewerb (das verstehen wir jetzt einmal unter Incentive – es gibt da unterschiedlichste Ansichten) ist in vielen Unternehmen nichts anderes als eine Reihe von Karotten, die man mittels Zeitschnüren an Zielstangen hängt. Diese Stangen wiederum sind ihrerseits so an den Köpfen der Zugpferde befestigt, dass sie die Karotten nie wirklich komplett zwischen die Zähne bekommen, sondern immer nur ein Stückchen davon abbeißen können.

Karotten gibt es in den unterschiedlichsten Ausführungen. Als Fünfhunderteuroscheine, als Erlebnisreisen, als T-Shirt und als Schulterklopfen. Es gibt also preiswerte und teure Varianten, dumme und raffinierte, ehrliche und heuchlerische. Die preiswertesten Gewinne sind keine Karotten. Es sind immer noch: Fürsorgliche Aufmerksamkeit, Anerkennung der Leistung und ein ehrliches „Danke", verbunden mit einem aufrichtigen Lob. Aber dazu scheinen viele Führungskräfte nicht fähig. Deshalb greifen sie lieber zu den Motivationskarotten. Diese an langen Stangen vor die Nasen der Mitarbeiter zu hängen, verlangt weniger Eigenengagement …

Fangen wir bei den Motivationskarotten an: zum Beispiel

dem berühmt berüchtigten „Club der 100". In manchen Unternehmen heißt dieser Verein auch „Top Ten", „Champions League" oder „Millionärsklub". Jeder Verein hat ein markiges Motto, das mich manchmal überraschend treffend an alte DDR-Slogans à la „gemeinsam gegen alle Feinde der Arbeiter- und Bauernklasse" erinnert. Der Verein ist nicht eingetragen und hat nur eine einzige simple Spielregel: Sei so gut, dass Du unter den zehn (hundert, fünf, was immer) Besten bist. Dann gehörst Du dazu! Du erhältst die berühmte Klubnadel und darfst mit uns Klubmitgliedern ein paar Tage nach Nizza fahren.

Zum Klub gehören ist ein absolutes Muss – oder? Die Spielregeln und dieses „Muss" werden Mitarbeitern in zahlreichen Unternehmen immer und immer wieder eingepaukt. Ob es Sinn macht, wird nie gefragt. Gott sei Dank! Denn sonst würde mancher Mitarbeiter bald daraufkommen, dass es nicht sehr geistreich ist, sich ein Jahr lang bis zur Erschöpfung krumm zu biegen, sowie seine Ehe und seine Gesundheit aufs Spiel zu setzen und dies nur, damit er irgendwann auf einer Bühne steht, die Hand geschüttelt bekommt und anschließend eine Reise absolvieren darf, die er sich ohne Weiteres selbst leisten könnte. Dem Klub anzugehören, kann doch nun wirklich nicht das Ziel der Ziele sein – oder?

Auch Führungskräfte denken nicht weiter über dieses „Motivationsinstrument" und seine Wirkungen nach. Wenn man diese Umsatzklubs und ihre Mitglieder (und auch die „Nicht-mehr-Mitglieder" – oder die „Noch-nicht-Mitglieder") beobachtet, so kommen einem sehr rasch ernste Zweifel über Sinn und Zweck des Ganzen. Wenn Ihr Unternehmen (Ihr Unternehmensbereich) einhundert Mitarbeiter hat, von denen Sie jedes Jahr im Rahmen eines Incentives zehn Sieger küren, so generieren Sie damit automatisch neunzig Verlierer!!

Ich frage mich immer, wieso Führungskräfte das nicht bedenken. Viele von ihnen sind jahrelang durch die gleiche Tretmühle gegangen, durch die sie nun ihre Mitarbeiter jagen.

Kaum jemand macht sich Gedanken, was in Mitarbeitern vorgeht, die sich drei oder vier Jahre lang vergeblich bemüht haben, den hochgesteckten Erwartungen gerecht und in den Klub aufgenommen zu werden. Sie sind gute Verkäufer! Stehen vielleicht immer wieder an 11. oder 12. Stelle (von rund 100 Kollegen!). Aber nur die zehn Besten (?) werden hochgelobt und prämiert. Jedes Jahr haarscharf vorbei … Diese Mitarbeiter werden dadurch systematisch zermotiviert. Sie werden fleißig weiter verkaufen, weil sie damit das Geld für ihre Existenz verdienen. Aber sie werden kaum einen Handgriff mehr tun!

Ganz abgesehen davon, dass es ethisch fraglich ist, wenn Sie jemanden auf diese Weise über Jahre hinweg unter Druck setzen: Haben Sie sich jemals überlegt, ob Ihnen mit diesem Mitarbeiter nicht vielleicht eine hervorragende Kraft verloren geht? Eine, deren Stärken mehr bedeuten als die der siegreichen Klubmitglieder? Er ist vielleicht der Kreativste von allen. Er wäre vielleicht auch der Erfolgreichste. Aber seine Arbeitsweise ist etwas langsamer oder längerfristig orientiert als die seiner Kollegen. Und für diese Handlungsweise wird er permanent bestraft, indem man ihn zermotiviert! Sie sollten überlegen, wie viel Motivation und Energie Sie auf diese Weise unweigerlich zerstören …

Wer gewinnt nun also durch einen derartigen Incentiveklub?

- Die ewigen Verlierer? Sicher nicht. Sie resignieren nach einigen Fehlversuchen und geben zermotiviert auf. Sie stellen alle Initiativen frühzeitig ein, sobald sie erkennen, dass sie es auch in diesem Jahr nicht schaffen werden.
- Diejenigen, die dieses Jahr etwas weiter vorne als im letzten Jahr, nämlich im Mittelfeld gelandet sind? Vielleicht. Aber da Sie als Führungskraft im kommenden Jahr wahrscheinlich die Erfolgsmesslatte höher setzen werden, sinken deren Chancen erneut.

- Diejenigen, die es in diesem Jahr haarscharf nicht geschafft haben? Kaum! Findige Verkäufer verschieben deshalb gerne fertige Abschlüsse ins neue Wettbewerbsjahr. Die Anzahl der Tricks, Leistungsergebnisse so zu verbiegen, dass sie in die Incentiveplanung des jeweiligen Mitarbeiters passen, würde Bücher füllen.
- Die sicheren Sieger! Diejenigen, welche schon das fünfte Mal dabei sind. Die müssen es wohl sein.
Aber das stimmt nur bedingt. Untersuchungen haben gezeigt, dass Menschen, die überzeugt sind, ein Ziel als Sieger zu erreichen, im gleichen Moment mit ihrer Leistung nachlassen, in dem sie ihren „Listenplatz" sicher haben. Dies führt übrigens manchmal dazu, dass scheinbar sichere Anwärter in letzter Sekunde das Ziel verfehlen. Beobachten Sie einmal Leichtathleten bei einem 400-m-Lauf. Die scheinbaren Gewinner hören oft direkt vor der Ziellinie auf, mit voller Kraft zu laufen. Nicht selten verpassen sie so eine Rekordzeit oder eine Medaille.
- Das Unternehmen? Nur teilweise. Denn durch diese Art von Klubs gehen mit Sicherheit genauso viel Erfolge verloren, wie kurzfristig gewonnen werden. Kalkuliert man den Zermotivierungseffekt bei einem Großteil der weniger erfolgreichen Mitarbeiter ein, so schlägt das Pendel eher in Richtung „negativ" aus.

Was aber kann man denn tun, um eine bessere Lösung als diese Incentiveklubs zu finden? Nachdenken! Und dabei verschiedene Kriterien beachten:

- Die Selbstachtung der Mitarbeiter.
- Den Spieltrieb vieler Menschen
- Die Profilierungssucht vieler Menschen
- Den Stolz auf die eigene Leistung
- Den Menschen als Individuum, das auch ein Recht auf Privatleben hat.

Jetzt werden Sie leicht irritiert und vielleicht ungeduldig auf Vorschläge warten, wie Sie die vorgenannten Probleme umgehen können. Ich möchte in diesem Zusammenhang nicht die Methode vieler sogenannter Berater aufgreifen und Ihnen ethische Wertvorstellungen oder theoretische Ansätze zu langfristigen Verhaltensänderungen empfehlen.

Ich weiß, dass Sie auf rasch wirkende Mechanismen angewiesen sind. Also versuchen wir doch einfach, solche Mechanismen und Werkzeuge derart zu gestalten, dass sie menschenwürdig bleiben: Befassen wir uns zu allererst einmal mit dem „klassischen Incentive" und Möglichkeiten, ihn etwas zu verändern, so dass er nicht ganz so brutal zermotiviert.

- Schreiben Sie den Wettbewerb so aus, dass ihn ausschließlich Teams (und keine „Einzelkämpfer") gewinnen können. Achten Sie dabei darauf, dass ein Team immer zu etwa gleichen Teilen aus Leistungsstarken, aus „ewigen" Mitläufern mittlerer Stärke und aus Leistungsschwächeren besteht. Damit vermeiden Sie zumindest teilweise, dass Leistungsstarke gezielt Desinformation betreiben, um erfolgbringendes Wissen für sich zu behalten. Im Team werden sie jedoch dafür sorgen, dass auch Leistungsschwächere nachziehen können, weil nur die Gesamtleistung zählt. So kann der Wettbewerb die Bildung von Teams erleichtern, beziehungsweise bestehende Teams festigen.

- Staffeln Sie den Wettbewerb und seine Preise derart, dass praktisch alle Beteiligten eine Chance haben, sich über etwas zu freuen. Konzentrieren Sie sich in der Folge auf die Schwächsten und helfen sie hauptsächlich diesen Mitarbeitern. Die Leistungsstarken kommen weitgehend allein zurecht. Ihnen als Führungskraft muss an einer breiten Leistungsbasis gelegen sein, um kurzfristige Einbrüche besser auffangen zu können.

  Setzen Sie zum Beispiel mehrere unterschiedliche Messlatten an: Wer das höchste Umsatzziel erreicht, wer die meisten Neukunden gewinnt, wer ein bestimmtes Produkt am erfolgreichsten verkauft, wer die größte Leistungssteigerung zum Vorjahr erzielt, wer die größte Leistung bei vergleichbar geringstem finanziellen Aufwand erzielt, usw. All dies können Ziele in ein und demselben Wettbewerb sein. Mit unterschiedlichen Preisen.

- Ein paar Worte zu den Preisen: Hier stehen mir manchmal die Haare zu Berge. Ich habe Versicherungen erlebt, die ihre zehn besten Verkäufer zu einer Reise nach Frankreich einluden und zusammen mit einer Flasche Sekt sowie der obligatorischen „Klubnadel" eine Fritteuse oder eine Trockenhaube (bei männlichen Gewinnern) überreichten. So ganz nach dem Muster „hier haben Sie noch was, das Ihre Gattin beruhigt, wenn Sie nach Hause kommen."

Achten Sie bitte zu allererst darauf, dass die Preise der Zielgruppe entsprechen und dass sie etwas besonderes darstellen, was sich der Gewinner nicht unbedingt selbst leisten kann – oder leisten würde. Eine Trockenhaube als Zusatzpreis für zwölf Monate harter Arbeit? Na, ich weiß nicht ... Viel netter und wirkungsvoller sind „offene Preise", bei denen zum Beispiel der Gewinner eine Person seiner Wahl zu einem gemeinsamen Erlebnis einladen kann.

Meist geht es bei Preisen um irgendwelche Reisen. Man fliegt oder fährt in irgendeine Stadt. Dort gibt es ein Besuchsprogramm mit anschließendem abendlichen Besäufnis, dem Besuch einer Revue und irgendeinem „Erlebnis", wie dem Überqueren einer kleinen Schlucht mit Hilfe von Seilen, die drei Bergsteigerprofis gespannt haben. Incentivereisen sind häufig vollgestopft mit solchen „Erlebnissen" und „Ereignissen". Die Teilnehmer kommen total groggy wieder nach Hause und können sich dann etwas später auf Fotos in der Firmenzeitung wiederfinden.

Der Grund für die Reizüberfüllung liegt in der Gestaltungsweise der Reisen.

- Reiseplanung: In fast allen Fällen wird eine sogenannte Incentiveagentur eingeschaltet. Diese Agenturen sind oft aus erfolglosen Reisebüros hervorgegangen, als (gutes Zusatzgeschäft bringende) Tochter von Werbeagenturen gegründet oder von ehemaligen Hotel-Bankettleitern eingerichtet worden.

Nur selten sind Fachleute am Werk, die etwas von Führungskommunikation verstehen oder aus einer erlebten Erfolgstretmühle kommen und somit wirklich wissen, worum es bei einem Incentive gehen sollte. Oft werden sie auch erst eingeschaltet, wenn die Ausschreibung des Incentives schon erfolgt ist.

Fast alle Incentiveagenturen sind vor allem an einem interessiert: Ihnen möglichst viel, möglichst teuer zu verkaufen. Egal, ob das zu Ihrer Zielgruppe passt oder nicht. Denn der Verdienst der Agenturen liegt fast immer in den Provisionen, die bei Buchungen von Flügen, Hotels und „Erlebnissen" anfallen. Ich habe ein Unternehmen erlebt, das auf Anraten seiner Agentur 200 Kassiererinnen und Verkäuferinnen in das teuerste und nobelste Hotel Roms geflogen hat. Die gestandenen (und in ihrem eigenen Umfeld sehr souveränen) Damen fühlten sich so unwohl, dass sie wie verschreckte Rehe in all dem Luxus herumliefen und nicht wagten, das traumhaft eingerichtete Bad zu benutzen oder einen Schritt allein in den herrlichen Hotelpark zu gehen.

Ich habe Incentivereisen erlebt, bei denen nicht einmal zehn Minuten Muße für private Gespräche blieb oder bei denen man zwanzig altgediente und erfolgreiche Außendienstmitarbeiter der Landmaschinenbranche an zwei Abenden in zweistündige klassische Konzerte setzte, die extra für sie veranstaltet wurden (die Orchester hatte man eingeflogen!!).

Zum Glück jedoch gibt es eine Reihe von Agenturen, die ihr Handwerk wirklich verstehen. Sie sind jedoch eindeutig in der Minderzahl. Dies vermag ich nach mehr als einhundert miterlebten „Incentives" ganz gut zu beurteilen. Achten Sie also darauf, dass Sie mit einer Agentur zusammenarbeiten, die nicht nur etwas verkaufen möchte, sondern die auch etwas von Zielgruppenanalyse und adressatengerechter Veranstaltungskonzeption versteht. Wenn Sie nicht schon im Vorgespräch nach einer möglichst genauen Bedürfnisbeschreibung der möglichen Gewinner gefragt werden und man Ihnen stattdessen umgehend und ohne Zielgruppenrecherchen „sensationelle Superideen" an den Kopf wirft, so sollten bei Ihnen die Alarmglocken läuten.

Gleiches gilt für eine Agentur, die nicht die steuerlichen Aspekte eines Incentives beherrscht oder die sich in bereits fertige („immer wieder erfolgreiche") Konzepte flüchtet.

Nachfolgend zeige ich Ihnen – wild durcheinander – Beispiele für „andere" Preise und Incentivereisen:

- Ein komplettes Wochenende für zwei Personen:
  Es beginnt mit dem Abholen zu Hause: durch einen Luxuswagen mit Chauffeur. Man fährt in eine andere Stadt und wohnt dort in einer Suite in einem schönen Hotel. Dann geht es einkaufen (mit bezahlten Gutscheinen) und man verbringt den Abend nach Wunsch in einem Luxusrestaurant oder in einem Theater. Am nächsten Tag wird ein opulentes Frühstück in der Suite serviert, bevor man mit dem Chauffeur zu weiteren Zielen aufbricht.
- Ein Ferrari, Porsche, Rolls-Royce oder Audi V8 für eine Woche: Vollkasko versichert, mit Benzingutscheinen und freien Kilometern.
- Ein Aktienpaket plus einem Kurs für Aktien-Know-how sowie einem für ein Jahr persönlich zur Verfügung stehenden Börsenbroker, der ohne Gebühren berät.
- Fünf Tage Sonderurlaub

- Ein Prämienkatalog mit unterschiedlichsten Preisen. Viele dieser Preise sollten sich auch (oder besonders) für Partner und Kinder eignen oder zumindest geeignet sein, die ganze Familie teilnehmen zulassen.

Beispiele:

Reitstunden, ein Wochenende auf einer Schönheitsfarm, zu Gast auf einer exklusiven Modenschau oder Tickets für ein Rockkonzert, eine komplette Party nach Wunsch, etc. Schließlich entbehren Partner und Kinder – Ihrem Unternehmen zuliebe – Ihren Mitarbeiter.

Vorsicht Steuern!

Zahlreiche Preise eignen sich, um Zeit und Geld zu sparen! Normalerweise sind Incentivereisen steuerlich für das Unternehmen und für die Mitarbeiter eher schädlich! Wenn Sie Incentives mit Trainings- oder Schulungsmaßnahmen verbinden, so haben Sie in vielen Fällen messbare Vorteile:

Training oder Schulungen sind oft steuerlich abschreibungsfähig, wenn sie als betrieblich notwendig angesehen werden. Oft gelten sie nicht als „geldwerte Vorteile", die von den Mitarbeitern versteuert werden müssten.

(Achtung: Vorher unbedingt schriftlich (!) mit dem zuständigen Finanzamt klären, da vieles Ermessenssache ist und unterschiedliche Ämter nicht an gleiche Verfahrensweisen gebunden sind).

Was sparen Sie außerdem, wenn Sie Training und Incentive zusammenlegen?

1. Sie sparen Ausfallzeiten, da die Mitarbeiter sowieso zu Schulungen müssen. Schulungen während eines Incentives können sehr erfolgreich sein.

2. Sie sparen Geld. Denn abgesehen von den Kosten für Ausfallzeiten sind die Kosten für kombinierte Projekte niedriger als für getrennte Aktionen.

Nachfolgend einige Beispiele für zeit- und geldsparende Gruppenaktivitäten, geeignet für Training und Incentive, die sich sehr gut als Preise für einen Leistungswettbewerb eignen:

- Ein Haus bauen!
  Alle Gewinner helfen, zusammen mit Profis ein Blockhaus zu bauen, welches von dem Unternehmen einem Waisenhaus geschenkt wird. Das Haus steht in freier Natur. Gebaut wird mit Profis. Die Abende verbringt man neben dem Rohbau am Lagerfeuer, bevor man in (mehr oder weniger luxuriösen) Zelten übernachtet. Lassen Sie sich nicht täuschen – der Erlebniswert schlägt jede Reise nach Nizza. Außerdem eignet sich diese Aktion hervorragend, um bestehende Teams zu festigen und neue Teams zu generieren.

- Eine Erlebnis-Rallye
  mit gemieteten Fahrzeugen, die sich über drei Tage hinzieht und voll gespickt ist mit komplizierten und auch mit lustigen Aufgabenstellungen. So müssen Teams nicht nur Fertigkeiten beweisen und kreativ sein (zum Beispiel zugleich einen Videofilm über ihre Reise drehen). Sie müssen auch Lösungen auf komplexe Aufgabenstellungen aus ihrem Arbeitsgebiet finden.

- Die Unternehmensregatta:
  Mein Team und ich haben viel Erfolg mit dieser Wettbewerbs- und Preisvariante. Sie ist Teil eines kompletten Qualitäts- und Prozessoptimierungsprogrammes: Monatelang erhalten die Teilnehmer der auftraggebenden Firma jede Woche immer neue Aufgabenstellungen, die sie zusätzlich zu ihrer Arbeit lösen. Alle Aufgaben sind immer speziell auf das jeweilige Unternehmen abgestimmt. Etliche davon zielen auf konkrete Ergebnisse und Ideen zu latenten Problemstellungen. Ein Umsatzwettbewerb ist nur eines von vier oder fünf Bewertungskriterien.

Die Gewinner (es sind immer alle Teilnehmer, nur wissen diese nichts von dieser Planung!) „dürfen" an einer mehrtägigen Segelregatta vor einer sonnigen Küste teilnehmen. Die Teams an Bord werden nach unterschiedlichen, wichtigen Gesichtspunkten zusammengestellt, je nachdem, ob man Teams aufbauen, bestehende festigen oder Streithähne zueinanderfinden lassen möchte.

Auf ihren Schiffen haben die Gruppen drei Tage lang Gelegenheit, nicht nur zu segeln, sondern dabei auch in den (zahlreich vorhandenen) Aktivitätspausen sehr komplexe unternehmerische Aufgaben zu lösen.

Die Skipper der Schiffe sind ausgebildete Trainer. Jeden Abend werden in Restaurants, bei Lagerfeuern am Strand oder auf einem der Schiffe die täglichen Arbeitsergebnisse präsentiert. Das auf Incentivereisen so gefürchtete Alkoholproblem hat sich dabei noch nie gestellt! Fast immer erhalten wir optimale Arbeitsergebnisse der Brainstormings auf den Schiffen. Diese Denkergebnisse bilden die Grundlage für weitere Aktionen und für die Arbeit von Projektgruppen, die nach der Reise noch einige Wochen weiterarbeiten.

Unser Auftraggeber spart Arbeitszeit, erhält eine Vielzahl von Problemlösungen und in vielen Fällen sogar steuerliche Vorteile.

Allerlei Motivierendes und Reparierendes

Nachfolgend einer der wichtigsten Teile dieses Buches. Ausgehend von der Wahrscheinlichkeit, dass Sie mehr oder weniger große Erfahrung im Umgang mit Ihren Mitarbeitern besitzen und permanent auf diverse Hilfsmittel und Ideen zurückgreifen, möchte ich Ihnen nun eine bunte Palette erprobter Werkzeuge schildern.

Sie erleichtern den Umgang miteinander, das gegenseitige Mutmachen und Anspornen und helfen, ein paar Problemchen der Verkaufsförderung zu lösen. Nichts davon ist eine Schreibtischidee. Sie werden auch keine der berüchtigten „pipe-dreams" finden, wie sie in vielen Büchern stehen. Meist geben sie sich leider erst viel zu spät als reine Theorie zu erkennen. Allerdings werden Sie diese Ideen auch nicht vor dem Motivationsdesaster retten, wenn in Ihrem Arbeitsbereich gute Kommunikationskultur nur auf dem Papier besteht und ethische Leitlinien lediglich auf der Tafel in der Empfangshalle zu finden sind.

Sollten Sie Fragen zu Details der hier aufgeführten Hilfen haben, so wenden Sie sich bitte an meinen Verlag. Er wird Ihre Fragen umgehend an mich weiterleiten, damit ich Kontakt mit Ihnen aufnehmen kann. Und nun viel Spaß beim nachfolgenden „Stöbern" in den Trick- und Erfahrungskisten anderer!

Der Manager des Monats

Eine besondere und originelle Form des Incentives. Als ich das erste Mal mit diesem Anreiz konfrontiert wurde, habe ich ihn ein wenig für Spinnerei gehalten. Heute weiß ich, dass diese Form des „Dankes" nicht nur erstaunlich gerne akzeptiert, sondern sogar angestrebt wird. Ein Grund dafür mag sein, dass Mitarbeiter die sonst seltene Möglichkeit erhalten, über längere Zeit hinweg mit Mitgliedern oberster Ebenen Erfahrungen und Meinungen auszutauschen. Außerdem erhalten sie die Chance, sich in Kreisen profilieren zu können, die sonst kaum auf sie aufmerksam würden. So mancher Mitarbeiter hat dadurch einen gewaltigen Schritt in seiner beruflichen Karriere einleiten können.

Wie sieht dieser „Preis" für Leistung nun aus? Mitarbeiter, die sich durch besonderen Einsatz (Ideen, eigenständige Lösungen etc.) profilieren, haben die Möglichkeit, einen Monat (oder eine Woche) lang als „Manager des Monats" im Führungskreis des Unternehmens (des Bereiches) entscheidend mitzuwirken. Sie nehmen an Besprechungen der Führungskräfte teil, haben die Möglichkeit, eigene Ideen einzubringen und erleben so den Alltag der Führungsetage. Sie parken auf dem Parkplatz der Geschäftsleitung, essen – so immer noch vorhanden – zusammen mit Vorständen und Direktoren an deren Tischen (so machen diese unglücklichen Chef-Privilegien wenigstens Sinn). Sie können auf Hilfen der Sekretariate einer Führungskraft zurückgreifen und erhalten während dieser Zeit einen besonderen (durchaus nennenswerten) Geldbetrag als symbolischen Ausgleich für Ihre Mehrleistung. Allerdings haben diese Mitarbeiter auch die gleiche Arbeitszeit wie Führungskräfte (also meistens reichlich Überstunden) und müssen dies alles zusätzlich zu ihrer normalen Arbeit leisten.

Einladung und Durchführungsregelungen werden innerhalb der „betroffenen" Bereiche offiziell ausgeschrieben. Als Bewertung sollten sowohl messbare als auch emotionelle und kreative Ziele ausgeschrieben werden. So haben auch Mitarbeiter aus scheinbar „weniger interessanten" Bereichen eine Chance. Einer meiner Kunden hatte so für eine Woche eine Dame des „Kantinengeschwaders" im Unternehmen mit an den Tischen der obersten Führungskräfte. Die Dame hatte einen Ideenwettbewerb zur Kosteneinsparung in der Kantine gewonnen und kannte die Vorstände nur vom Foto in der Hauszeitung. Sie hatte nach einem Tag bereits ihre Scheu abgelegt und nahm kein Blatt vor den Mund. In dieser Woche eröffneten sich den Damen und Herren der Geschäftsführung mehr sinnvolle und hochinteressante Betrachtungsweisen zu aktuellen Problemstellungen als durch Dutzende Beratungsgespräche mit „Fachleuten" vorher …

Präsentieren Sie Arbeitsergebnisse im Team!

Es ist leider üblich und eine zermotivierende Unsitte, dass Arbeitsergebnisse eines Teams vor höheren Ebenen fast immer vom Leiter der Abteilung präsentiert werden.

Der Alltag: Wochenlang erarbeitet ein Team wunderbare Lösungen und schlägt diese dann dem Abteilungsleiter vor. Im schlimmsten Fall begreift der den Wert der Lösungen für das Unternehmen nicht und boykottiert eine Präsentation vor oberen Ebenen.

Aber vielleicht präsentiert er die Lösungen auch selbst (ohne Beisein der Teammitglieder) der Geschäftsleitung und nimmt damit seinem Team eine schöne Gelegenheit, stolz auf eigene Leistungen sein zu können. Ganz abgesehen davon, dass in den meisten Fällen sowieso das Team die Folien für die Präsentation des Chefs erstellen muss, was ein weiteres Zermotivationssteinchen darstellt.

Nicht immer basiert das Bestreben, Arbeitsergebnisse selbst präsentieren zu wollen, auf profilneurotischen Bestrebungen des führenden Teamleiters. Sehr oft besteht zum Beispiel die Geschäftsleitung darauf, dass nicht die Mitarbeiter, welche das Ergebnis erarbeitet haben, sondern deren Leiter präsentiert. Dies hat viel mit Standesdenken und absichtlichem Distanzieren zu tun. Es ist jedoch aus der Sicht des um optimale Führungskommunikation besorgten Beobachters zermotivierender Unsinn.

Bestehen Sie als Leiter eines Teams auch gegenüber Ihren eigenen Vorgesetzten immer darauf, dass dieses seine Arbeitsergebnisse selbst präsentieren darf. Bereiten Sie die Präsentation zusammen mit Ihrem Team vor und seien Sie stolz auf Ihre Mitarbeiter! Dies alles tut Ihrer ganz persönlichen Reputation nicht den geringsten Abbruch – im Gegenteil! Ihre Vorgesetzten werden wegen des scheinbaren Understatements anerkennend nicken. Ihre Mitarbeiter jedoch werden sich von Ihnen anerkannt und ernst genommen fühlen – und es Ihnen mit Freude an der Arbeit danken.

Sonderaufgaben als Training

Wie motivierend und fördernd diese Idee sein kann, habe ich persönlich erlebt, als ich die Arbeitsweise eines Managers mittlerer Ebene in einem Pharmakonzern beobachtete. Seine Vorgesetzten haben übrigens nie wirklich die hervorragenden Führungsfähigkeiten dieses Menschen erkannt und so verschwand er im Zuge einer Umstrukturierung in einem anderen Bereich.

Dieser Manager ließ seine Mitarbeiter weitestgehend frei arbeiten, bestand aber auf fast permanentem Feedback. Allerdings nicht auf Formularen, in offiziellen Besprechungen oder „Mitarbeitergesprächen", sondern bei „Guten-Morgen-Kaffees" in seinem Büro, bei einem Glas Cola auf dem Gang oder auf dem Weg zum Parkplatz. Er musste dieses Feedback nie einfordern. Seine Teams waren stolz darauf, Zwischenergebnisse zu berichten und hatten keinerlei Scheu, um Hilfe zu bitten. Zusätzlich zu seiner Arbeit gab dieser Manager jedem seiner Mitarbeiter von Zeit zu Zeit eine „Sonderaufgabe". So musste zum Beispiel eine Betrachtung der marktpolitischen Gegebenheiten zu einem bestimmten, in seinem Bereich gemanagten Produkt für eine kleine Präsentation erarbeitet werden. Diese Betrachtung wurde dann in einer Sechs-Augen-Besprechung zwischen einem Topmanager, der von mir hier angesprochenen Führungskraft und seinem Mitarbeiter präsentiert, wobei die Führungskraft das Präsentieren ausschließlich dem Mitarbeiter überließ. Ein ungeheuer motivierender und herausfordernder Vorgang, der noch dazu für den Mitarbeiter ein Livetraining und für die Führung eine aufschlussreiche Bewertungsgrundlage darstellte.

Normalerweise sind solche Betrachtungen und Statements allein Sache von Abteilungsleitern, Produktmanagern und anderen Führungskräften. Der hier von mir so gelobte Manager hatte vor seinen Chefs darauf bestanden, seinen Mitarbeitern diese Chancen zu geben. Man hat es ihm wenig gedankt. Seine ehemaligen Mitarbeiter aber haben – nicht zuletzt durch seine Führung – rasch den Aufstieg in leitende Positionen gefunden. Zum Teil allerdings in anderen Unternehmen, denn – wie ich schon anmerkte: In „seinem" Konzern hatte (und hat) man wenig Gefühl für wirklich gute Führungskräfte.

All das aber sollte Sie auf keinen Fall davon abhalten, diese Idee aufzugreifen. Sie ist einfach zu gut.

Veranstaltungen für Familienmitglieder und Verwandte

Investieren Sie reichlich in dieses Feld der Verkaufsförderung! Verkaufsförderung? Hoffentlich! Es gibt nur sehr wenige Produkte und Dienstleistungen, die nicht über Verwandte und Bekannte der Mitarbeiter gefördert werden können. Genauso, wie sich auch die Nachricht über Ihr gutes Betriebsklima (allerdings auch über Ihr eventuell schlechtes) auf diesem Wege verbreitet.

Je mehr Sie von Ihren Mitarbeitern an Leistung und Engagement fordern, desto wichtiger wird es, dass deren Privatleben zumindest einigermaßen intakt bleibt, obwohl sie kaputt nach Hause kommen und es nicht schaffen, abzuschalten, bevor die Kinder ins Bett gehen. Nehmen Sie Ihr eigenes Privatleben als Führungskraft in Augenschein, ziehen Sie 20 bis 50 Prozent von Ihrem Nettogehalt ab und Sie haben die Verhältnisse bei Ihren Mitarbeitern! Nur wenn die Partner und die Kinder Ihrer Mitarbeiter möglichst genau wissen, was warum im Unternehmen des Vaters oder der Mutter passiert, haben sie die Möglichkeit, Verständnis zu entwickeln. Der beliebte „Tag der offenen Tür" mit anschließendem Kaffee und Kuchen in der Kantine ist nicht das richtige Mittel. Ich veranstalte im Rahmen umfangreicherer Projekte regelmäßig in den Unternehmen meiner Kunden Workshops für Partner, bei denen unternehmerische Aufgabenstellungen (meist aus der Verkaufsförderung) bearbeitet werden. Manchmal binde ich ganze Schulklassen der Mitarbeiterkinder in diese Aktivitäten ein. Die Ergebnisse sprechen regelmäßig für dieses Verfahren.

Sind Sie Manager in einem Unternehmen für Versicherungen, Haushaltswaren, Autos, Kleidung, Möbel, Lebensmittel oder Ähnlichem? Dann haben Sie durch die oben geschilderte Vorgehensweise mehrere Hundert Berater, an die Sie noch nie gedacht haben. Ich kenne ein Unternehmen, das mit 400 Mitarbeitern Spielwaren herstellt und dabei für viel Geld über eine Agentur einhundert Kinder als Testpersonen einlädt, anstatt die 90 Kinder der Mitarbeiter (zuzüglich deren Freunde) in Workshops an Wochenenden einzuladen. So wirft man Geld zum Fenster hinaus.

Ähnlich wichtig ist es, die Partner einzubinden, wenn Sie von Ihren Mitarbeitern aus irgendwelchen Gründen Wochenendarbeit oder abendliche Überstunden fordern müssen. Als „Feuerwehrmann" muss ich oft von Mitarbeitern fordern, während kritischer und knapper Zeiträume die Worte Arbeitszeit und Feierabend schlicht zu vergessen, um das Unternehmen – und damit die Arbeitsplätze – zu retten. Das funktioniert nur, wenn ich mündige Mitarbeiter und offen informierte Partner vor mir habe. Deshalb ist ein ausführlicher Informations- und Planungstag mit allen Betroffenen (also auch mit den Partnern der Mitarbeiter) für mich allererste Pflicht, bevor ich anfange, mir zusammen mit den temporären Kollegen die Nächte um die Ohren zu hauen. Oft erlebe ich so Partner(innen), die um neun Uhr abends mit einer Pizza in der Firma auftauchen und so ihre Solidarität bekunden. Selten war die gemeinsame Arbeit vergebens …

Benutzen Sie diesen Informationsweg auch, wenn Sie neue Mitarbeiter suchen! Die „stille Post" über Ihre Mitarbeiter und deren Partner(innen) funktioniert in den meisten Fällen wesentlich effektiver als teure Anzeigen oder die Suche über Personalberater. Außerdem haben dann Bewerber schon eine kleine Vorauswahl hinter sich, denn kein Mitarbeiter wird jemanden empfehlen, der offensichtlich ungeeignet ist.

Geburtstage und andere Feste

Geben Sie Geburtstagskindern einen halben Tag (oder zumindest einige Stunden) frei! Überlassen Sie es den Mitarbeitern (in Abstimmung mit deren Team), wann er (sie) freihaben möchte: den Nachmittag vorher oder den Vormittag danach. Selbstverständlich ziehen Sie diese Ausfallzeit nicht (!) vom Arbeitslohn ab oder lassen sie anderweitig kompensieren …

Dies mag unsinnig erscheinen. Aber in Abteilungen von zehn bis 20 Personen dauert es nicht lange, bis man auch diese Festtage kennt. Kindergeburtstage, Hochzeitstage, Jubiläen – vieles erfährt man als Führungskraft so nebenbei.

Sie sollten Ihr Wissen benutzen, um entweder Ihrem Mitarbeiter etwas Zeit zu Vorbereitungen zu geben oder den betreffenden Personen (Partnerinnen/Partnern) durch ein kleines Geschenk zu danken. Vergessen Sie nie, dass diese Personen für die Motivation Ihrer Mitarbeiter von ausschlaggebender Wichtigkeit sind. Eine Mitarbeiterin, die mit den Gedanken nur halb bei der Sache ist, weil sie Freitagabend noch den Kindergeburtstag für Samstag vorbereiten muss, ist sicher weniger produktiv als eine Frau, die weiß, dass sie bis 14:00 Uhr alles Wichtige weggearbeitet haben muss, um dann offiziell nach Hause gehen und den Geburtstag vorbereiten zu können.

Die Kosten für ein kleines Geschenk, einen Blumenstrauß oder einen kleinen Umtrunk innerhalb des engeren Kollegenkreises des Jubilars stehen auch dann in keiner Relation zum emotionellen Erfolg, wenn Sie Vorstand in einem Unternehmen mit 2000 Mitarbeiten sind und damit pro Jahr zweitausend kleine Geschenke ausgeben. Ich wette, dass die Beträge für irgendwelchen anderen, echten Unsinn, für eingestampfte Werbekampagnen oder für falsch oder zu viel eingekauftes Büromaterial in Ihrem Unternehmen wesentlich höher liegen …

Keine Angst vor Hierarchien! Überspringen Sie als Geschäftsführer oder Vorstand in diesem Falle ruhig einige Etagen und gratulieren Sie schriftlich – auch zum Beispiel einem halbtags arbeitenden Mitarbeiter in der Lagerhaltung. Noch eindrucksvoller ist ein kurzer persönlicher Anruf! Ich habe selbst erlebt, welche ungeheuer positive Wirkung es hatte, als der Vorstandsvorsitzende eines 100.000-Mitarbeiter-Konzerns persönlich bei einer Sachbearbeiterin anrief, die Geburtstag hatte. Dieser Vorstand hat einfach jeden Morgen eine kleine Liste auf dem Tisch, die seine Personalabteilung erstellt. Aufgeführt werden Vornamen und Namen, Familienstand und – so bekannt – die Hobbys der Mitarbeiter. Die Zeit für diese Telefonate beträgt insgesamt nur wenige Minuten – zugleich Zeit für eine Tasse Tee. Trotz der kurzen Dauer jedes Telefonates wurden meine Mitarbeiterinnen bei Recherchen im Unternehmen mehrfach auf gerade diesen Umstand positiv angesprochen.

Wenn Sie die preiswerten, ethisch zu begrüßenden und sehr motivierenden Glückwünsche bei sich etablieren möchten, so gibt es allerdings einige wichtige, unbedingt zu beachtende Spielregeln:

- Sie müssen (!) diese Telefonate mit allen Mitarbeitern im Betrieb führen! Erschöpfen sich die Anrufe auf Ihre Direktoren, so verfehlen sie Sinn und Zweck. Rufen Sie nur Abteilungsleiter an, so bekommen es alle in der Abteilung mit und sind entsprechend sauer, wenn sie selbst nicht angerufen werden. Sollten Sie einen Anruf tatsächlich vergessen, so sollte das der Anlass für eine Stippvisite in der Abteilung und ein persönliches Händeschütteln sein.
- Wenn Sie verhindert sind, so muss Ihr Stellvertreter den Anruf für Sie übernehmen und ausdrücklich darauf hinweisen!
- Sie müssen sicher sein, dass Sie über etwaige wichtige Besonderheiten vor dem Anruf informiert sind. Wenn Sie

zum Beispiel einem Mitarbeiter gratulieren, der weiß, dass er demnächst durch Ihre Rationalisierungsmaßnahmen seinen Arbeitsplatz verlieren wird, so kann das ein peinliches Gespräch werden ...

Controller – Zermotivierer von Berufs wegen?

In der heutigen Zeit der raschen wirtschaftlichen Kurswechsel, der millimetergenauen Kalkulationen und der permanenten Prozessoptimierung sind hervorragende Controller für ein Unternehmen unverzichtbar. Jedoch ist sich kaum ein Controller bewusst, wie schädlich er für die Motivation von Mitarbeitern und Kollegen (trotz seiner, für das Unternehmen selbst so wichtigen und wertvollen Aufgabe) sein kann. Bei vielen Controllern ist das ein wenig wie bei Steuerprüfern. Vorschrift ist alles. Es gibt nachweisbare Fälle, da gingen durch Finanzbeamte Hunderte Arbeitsplätze verloren, die den Staat schließlich mehr kosteten als die Steuernachforderungen einbrachten.

Nun, Controller sind nicht (oder selten) für den Verlust von Arbeitsplätzen verantwortlich. Aber hinsichtlich der zermotivierenden Wirkung ihrer Entscheidungen besteht schon eine frappierende Ähnlichkeit. Zwei Gründe sind oft ausschlaggebend:

1. Der Controller selbst hat häufig keine Ahnung von dem emotionellen und wirtschaftlichen Schaden, den er anrichten kann. Außerdem hat er (so er nicht darauf besteht), in den seltensten Fällen Gelegenheit, seine Arbeit und deren mögliche Auswirkungen adressatengerecht jedem im Unternehmen so zu verdeutlichen, dass die Argumente des obersten Kassenbewachers verstanden und nachvollzogen

werden können. Mehr als ein Referat anlässlich einer Jahrestagung oder ein kurzer mahnender Artikel in der Firmenzeitung ist selten drin.

Dabei sind Mitarbeiter durchaus verständnis- und kooperationsbereit, wenn man mit ihnen über vorhandenes und nicht vorhandenes Geld spricht. Schließlich hat man ja auch zu Hause ein Budget. Wenn man aber bestimmte Entscheidungen mangels Durchschaubarkeit nicht nachvollziehen kann, ist es völlig natürlich, dass Gerüchten, Polemik und Nörgeleien Tür und Tor geöffnet werden. Offengelegte Kalkulationen machen jedoch Begründungen nötig. Ein Beispiel: Warum wird auf der einen Seite eine fast neue Büroetage für den neuen Vorstand für hunderttausend Euro umgebaut, während eben dieser Vorstand gleichzeitig den Mitarbeitern das Weihnachtsgeld kürzen möchte. Polemik? Klar! Aber auch Taktlosigkeit in der Führungsetage mit einhergehender Zermotivierung. Solange man den Mitarbeitern nicht die Kostenrelationen zwischen der relativ kleinen Ausgabe und den millionenfachen Einsparungen aufzeigt, kann der Mann an der Drehbank diese Entscheidungen sicher nicht nachvollziehen.

2. Controller sind (meist auf unsinnige Anweisung der Chefs) „befohlen raffgierig". Wie sonst kann es sein, dass sparsame Mitarbeiter dadurch bestraft werden, dass man ihnen im nächsten Jahr das Budget um den Betrag kürzt, den sie im Vorjahr eingespart haben. Bei Ämtern und Behörden wie in vielen Firmen setzt deshalb kurz vor Ultimo ein unglaublicher Kauf- und Bestellrausch ein. Alles nur, damit kein Geld vom laufenden Budget übrig bleibt, das einem der Controller im neuen Jahr gar nicht erst bewilligen könnte.

Dabei sind diese Probleme relativ leicht unter Kontrolle zu bekommen, wenn Sie folgende Punkte beachten:

- Geben Sie dem Controller ausreichend Gelegenheit, seine Argumentationen adressatengerecht (also auch „ganz unten im Unternehmen" verständlich) darzustellen. Leider haben viele Controller die Präsentationsfähigkeiten von sehr funktionellen Rechenmaschinen. In diesem Fall nehmen Sie ihm das Präsentieren konstruktiv und fair aus der Hand (oder gönnen Sie ihm ein Training bei Fred Maro). Auf jeden Fall sind bei der Erklärung der Entscheidungen Begriffe zu vermeiden, die ihrerseits wieder weitere Fragen aufwerfen. „Aus strategischen Gründen", „finanzielle Überlegungen", „grundsätzliche Erwägungen" und andere, ähnlich nichtssagende Formulierungen vertiefen das Misstrauen und fördern die Zermotivierung.
- Kürzen Sie auf keinen Fall Budgets nur, weil im laufenden Jahr nicht alles verbraucht wurde. Es spricht nichts dagegen, im vierten Geschäftsquartal die Budgets zu überprüfen und eventuell nicht mehr benötigtes Geld auf andere Budgets zu verlagern. Aber das darf sich nicht auf das nächste Geschäftsjahr auswirken!
- Wenn Geld eingespart werden soll: Überlassen Sie es der betreffenden Abteilung, die Summe zu planen, die sie für einsparungsfähig erachtet. Sie werden erstaunt sein. In vielen Fällen setzen die Mitarbeiter die Summen wesentlich höher an, als Sie es für möglich halten würden. So haben Sie als „End-Entscheider" die Möglichkeit, diese Einschätzungen nach unten (!) zu korrigieren und so Verständnis und Kooperation zu beweisen.
- Belohnen Sie die Einhaltung von Budgets und – vor allem – den Einsparerfolg, der Geld am Jahresende übrig lässt! Nachfolgend ein interessanter Ansatz, den ich das erste Mal vom Hotelier und Berater Klaus Kobjoll gehört habe und der sich in meinen Anwendungen in kleineren Betrieben (!) sehr bewährt hat: Er ist logisch und sollte einem eigentlich selbst einfallen. Aber wie so oft im Leben – die einfachsten Lösungswege findet man zuletzt – oder beim

Kollegen: Geben Sie klare Vorgaben für die Einhaltung von Qualitätsstandards. Alles Geld (oder ein eindrucksvoller Prozentsatz davon), das bei Einhaltung der Standards (!) von den Mitarbeitern eingespart wird (billigeres Einkaufen, Vorausdenken, sparsamer Umgang mit Verbrauchsmaterialien), gehört am Jahresende den betreffenden Mitarbeitern!! Und zwar zu gleichen Teilen: Abteilungsleiter wie Sachbearbeiterin oder Bürobote. Weg ist das Geld für Ihr Unternehmen so oder so, aber besser motivierend ausgegeben als durch hastige „Budget-Ausschöpfkäufe".

Der Prämienkatalog

Ein Tipp für Strukturvertriebe und andere Vertriebsformen, deren Funktionieren sehr stark auf der Prämierung von Einzelleistungen basiert: Ersetzen Sie Geldleistungen durch Prämien, die Sie in einem kleinen Katalog gestaffelt ausschreiben. Achten Sie dabei besonders darauf, dass ein guter Teil dieser Prämien für Partner(innen) und Kinder interessant ist. Präsentieren Sie diesen Katalog entweder vor Mitarbeitern und Partnern zusammen oder senden Sie ihn zu den Partnern nach Hause.

Ich habe hier schon mehrfach die Tatsache angesprochen, dass das intakte Privatleben Ihrer Mitarbeiter die Basis für gute Leistungen im Unternehmen bildet. Wenn schon die Menschen zu Hause einen gestressten Ernährer aushalten müssen, dann sollten Sie dafür auch ein wenig belohnt werden!

Beispiele für Prämien – zum Teil kennen Sie sie schon:
- Reitstunden
- Ein Tag auf einer Schönheitsfarm
- Zehnerkarte für ein Fitnessstudio
- Theaterabonnement
- Party für 20 Personen zu Hause

- Fahrerlehrgang
- Ballonfahrt für 3 Personen
- Einkaufsgutscheine
- Gutscheine für 500 Liter Benzin

Schafft die Kleidervorschriften ab!

Eine der dümmsten Einrichtungen der letzten Jahre ist der in den USA so gerne praktizierte „Casual Friday". Am Freitag – aber auch wirklich nur dann – dürfen die Mitarbeiter in Pullover und Jeans (also leger – casual) in sehr vielen Büros herumlaufen. Aber bitte in Designer-Jeans und edlem Outfit! Jedes Mal wenn ich es mit New Yorker Anwalts- oder Börsenbrokerbüros an einem Freitag zu tun habe, lache ich mich schief. Nach jedem Händeschütteln entschuldigt sich mein Gegenüber, weil Freitag ist und er im flotten Armanipullover statt im tristen Grauen mit Hermeskrawatte herumläuft. Als wenn das irgendetwas mit dem Ausgang unserer Gespräche zu tun hätte. Ich kenne Unternehmen in Deutschland, die diesen Unsinn ohne weiteres Nachdenken direkt übernommen haben. Mit dem treudeutschen Gründlichkeitseffekt, dass sich viele Herren erst Jeans kaufen mussten, um „mithalten zu können" …

Natürlich sollten Mitarbeiter einigermaßen gepflegt herumlaufen. Und natürlich sollte man den Erwartungen der Kunden gerecht werden (oder sie zumindest positiv überraschen). Aber nur, weil der Geschäftsführer so gerne rote Fliegen trägt, muss noch lange nicht die Fliege vorgeschrieben werden. Warum zum Teufel muss jeder in der Buchhaltung und im Marketing mit Anzug und Krawatte herumlaufen? Was hat dies mit Seriosität zu tun? Nur weil die Geschäftsleitung dies glaubt? Im Wirtschaftsleben, speziell in Banken gelten dunkelgraue und dunkelblaue Anzüge als Zeichen der Seriosität. Dass etwa 95 Prozent aller Wirtschaftsverbrecher in eben so einem Anzug herumlaufen, scheint sich dort noch nicht herumgesprochen zu haben.

Also bitte: Überprüfen Sie diese Bräuche in Ihrem Unternehmen. Nichts gegen einen Vertriebsmitarbeiter, der im eigenen Büro Krawatte und Jackett in den Schrank hängt. Wenn sich ein Kunde beim Empfang anmeldet, hat er allemal Zeit genug, sich wieder auf „seriös zu trimmen". Überzeugen Sie Mitarbeiter in bestimmten, kundennahen Bereichen, sich adressatengerecht (mein Lieblingswort, weil es einen so wichtigen Kommunikationsgrundsatz darstellt) zu kleiden und zu geben. Aber lassen Sie dem Rest „freien Lauf" und greifen Sie nur in Extremfällen ein. Sie werden übrigens merken: Je mehr sich Ihre Mitarbeiter mit Qualität, dem hohen Niveau sowie gepflegter Kommunikationskultur (so beides vorhanden) eines Unternehmens identifizieren, desto besser gekleidet werden Sie erscheinen! Versuchen Sie nicht, den eigenen Geschmack zur Maxime der Kleidervorschriften zu machen. Dies kann gewaltig daneben gehen und sich schlicht auf Ihren Umsatz auswirken. Dazu ein Erlebnis aus meinem eigenen Alltag: Als ich einmal die Verkäuferriege eines Unternehmens beobachtete und dabei gegenüber dem Bereichsvorstand über einen jungen Herren lästerte, der als einziger der Anwesenden in weißen Socken, mit Knopf im Ohr und Kettchen am rechten Handgelenk herumlief, wurde ich sofort korrigiert: Der von mir kritisierte Verkäufer war der erfolgreichste von allen Anwesenden. Seine Kunden waren exakt genauso gekleidet und „vertrauten" auch nur Menschen in diesem gewohnten Outfit. Der Verkäufer setzte seine optischen Verkaufshilfen sehr gezielt ein und fuhr auch – als einziger der Mannschaft – einen entsprechend passenden Firmenwagen mit Breitreifen und Spoiler. Dass ihm sein Vorstand diesen Schnickschnack genehmigt hat, spricht für die Verkäuferqualitäten beider Personen.

Noch ein Wort zu Uniformen: Wenn Sie in Ihrem Unternehmen in irgendwelchen Bereichen Uniformen vorschreiben, so ist dies generell in Ordnung. Speziell nach außen wird damit der Mitarbeiter eindeutig identifizierbar. Außerdem sind schicke Uniformen nicht unerheblich für die Wirkung des gesamten Unternehmens nach außen. An diesem Punkt jedoch bekomme ich schon wieder Bauchweh! Warum stecken so viele Unternehmen Ihre Mitarbeiter in Uniformen, die genau das Gegenteil bewirken, ohne dass ich hier Geschmacks- und Modefragen diskutieren möchte. Achten Sie bitte darauf (so in Ihrem Unternehmen anwendbar und von Ihnen entscheidbar), dass sich der Chauvinismus derjenigen, die diese Uniformen auswählen, nicht allzu krass auswirken kann. Oft genug werden zum Beispiel Uniformen für Männer einfach mit kleinen Änderungen versehen und dann den Damen angezogen. So manche deutsche Polizistin, Dame im Bereich der öffentlichen Verkehrsmittel, aber auch Mitarbeiterin in einigen Hotels ist ein abschreckendes Beispiel dafür.

Auch in Uniformen muss man sich nicht nur wohlfühlen. Man muss das Gefühl haben, darin gut auszusehen! Immer wieder: Versetzen Sie sich in die Lage Ihrer Mitarbeiter und entscheiden Sie, ob Sie in diesen Klamotten 250 Tage im Jahr herumlaufen möchten.

Freie Gestaltung der Arbeitsräume

Ähnlich wie Controller machen sich auch Bürodesigner selten Gedanken, was ihre Entwürfe in den Seelen der Mitarbeiter auslösen. Hauptsache schick, „voll im Trend" und teuer! Dass der Designerschreibtisch dann mit Aktenbergen, Kaffeetassen und Urlaubsfotos nicht mehr so wunderbar aussieht und vor allem nicht mehr so funktionell ist wie gedacht, wird nicht berücksichtigt. Kunst ist Kunst, da haben Gedanken an aufheizende Sonneneinstrahlung, an Ablageflächen für Privatsachen oder an die Möglichkeit, beim Lesen von Akten auch mal die Füße etwas höher legen zu können, nichts zu suchen. Aber es soll ja auch Bühnenbildner geben, die darunter leiden, dass andauernd Schauspieler vor ihren Werken herumstehen ...

Wie Sie schon aus diesem Buch wissen, ist eines meiner liebsten Arbeitsmittel die „Denkfabrik", bei der von den Beteiligten zu einem bestimmten Thema alles infrage gestellt und neu überdacht wird. Als ich einmal in einem Workshop mit Mitarbeitern eines bekannten Kreditkartenunternehmens den versammelten Damen und Herren (und auch den Führungskräften) Mut machte, doch gezielt über eine Gestaltung von Arbeitsräumen nachzudenken, bei der man sich wirklich wohlfühlen würde, kam eine richtige Ideen-Lawine in Gang. Das Ergebnis kostete kaum Geld und entstand in gemeinsamer Übereinkunft der jeweils zusammenarbeitenden Teams.

Nun stehen plötzlich Aquarien und richtige Palmen in Teambüros, Mitarbeiter im Callcenter (Telefonservice) haben lange Kabel an den Apparaten, sodass sie auch plaudern können, wenn sie etwas herumlaufen. Mehrere Mitarbeiter sitzen auf (orthopädisch begrüßenswerten) Sitzbällen oder Kniestühlen, und wenn man aus den Büros hinaus ins Treppenhaus geht, trifft man auf das Meisterstück: Das gesamte Treppenhaus ist als – viel benützter – Fitnessparcours gestaltet. Kaum jemand fährt noch Lift. Im Treppenhaus gibt es Reckstangen und diverse Fitnessgeräte. Es gibt Ablagen, um Akten auch einmal kurz beiseitezulegen, wenn man im Vorbeigehen kurz den Rücken strecken oder den Rumpf beugen möchte. Man findet auch Wurfbälle mit witzigen Zielen (einmal sogar – ganz locker und ohne Einspruch – Fotos der Geschäftsleitung). Und es gibt eine Wandzeitung über mehrere Treppen hinweg, welche die interne Kommunikation mit Schmunzeln und „heißen Tipps" versorgt.

Das Treppenhaus ist Treffpunkt für Plaudereien an einer dort im Zwischenstock stehenden Kaffeemaschine. Die kurzen Gespräche sind gerne gesehen, denn sie verkürzen nachweislich viele Arbeitsprozesse (mehr dazu später). Kunden werden nicht schamhaft um diese Bereiche herumgeführt. Im Gegenteil. Man zeigt den Verblüfften stolz, was man hat!

Innendienst und Außendienst: Der Kunde kennt beide!

Verkaufsleiter kennen die beiden Probleme:

1. Wie stelle ich sicher, dass mein Verkäufer tatsächlich permanent „am Ball" bleibt, und …
2. Wie motiviere ich meinen Verkaufsinnendienst?

Beide Fragen sind relativ einfach zu lösen, wenn man seine Mitarbeiter ernst nimmt und sie „direkt an ihren Bedürfnissen abholt". Das Problem No. 1 wird durch Bearbeitung des Problems No. 2 gelöst.

Nachdem ein Verkäufer ein Produkt vertragsreif gemacht und der Kunde unterschrieben hat, reißt der Kontakt in vielen Fällen rasch ab. Nun spielt der Verkaufsinnendienst eine große Rolle. Das aber wird von vielen Verkaufsleitern in seiner verkaufsfördernden und kundenpflegenden Wirkung ebenso unterschätzt wie in seinem Motivationswert für die Mitarbeiter.

Zahlreiche Unternehmen, in die ich komme, haben durch diesen Fehler wichtige Kundenkontakte einfach still und leise verloren. Die nachfolgend irgendwann nötige „Kaltakquisition" ist nicht sehr motivierend für die Ausführenden. Kundenpflege aber kostet wesentlich weniger als das Gewinnen von Neukunden. Das hat sich zwar herumgesprochen. Berücksichtigt aber wird es vielfach nicht.

Hier ein, bereits mehrfach erfolgreich beschrittener Weg, der sicher nicht in jedem Unternehmen realisierbar ist. Aber entweder haben wir Glück und er passt vielleicht doch in Ihre Verkaufsstruktur, oder er gibt Ihnen zumindest Denkanstöße für eigene Varianten: Überlegen Sie, ob Sie nicht kleine, weitgehend selbst verantwortliche Verkaufsteams bilden, wobei diese jeweils nicht nur aus Verkäufern, sondern auch aus Mitarbeitern des Innendienstes bestehen. Beide Bereiche erhalten das gleiche Gehalt, die gleichen Provisionen und haben die gleichen Privilegien. Je kleiner die Teams sind, desto erfolgreicher werden sie sein. Im Zeitalter der modernen Bürokommunikation ist die Arbeit mit zehn kleinen Teams nicht schwieriger als mit einem großen.

Jeder Außendienstmitarbeiter ist verpflichtet, im Verlauf des Produktverkaufs dem neuen Kunden seinen zuständigen Kollegen im Innendienst zumindest vorzustellen, wenn nicht gleich ihn zu einem Gespräch mit dem Kunden mitzunehmen. Stellt der Verkäufer seinen Kollegen nur verbal vor, so überreicht er dessen Visitenkarte. Die Karte ist mit einem netten Foto (!) ausgestattet. Besser ist es, wenn der Innendienstkollege zum Vertragsabschluss mitkommt.

Ich weiß sehr gut, dass beides sehr stark von unterschiedlichsten Faktoren beeinflusst wird. Es ist jedoch absolut eine Überprüfung wert! Durch die organisatorischen und kommunikativen Vorgänge erreichen Sie Folgendes:

- Das Teammitglied im Innendienst ist daran interessiert, dass sein Kollege an der Front erfolgreich ist und stets am Ball bleibt. Nur so kann er gutes Geld verdienen. Es sorgt selbst dafür, dass sein Kollege erfolgreich arbeitet – ohne dass Sie als Manager diesen mit irgendwelchen Besuchsberichten drangsalieren müssen.
- Abgesehen davon hat er die Möglichkeit, auch einmal „an der Front" aktiv am Verkauf beteiligt zu werden und so aus dem Haus zu kommen.
- Das Teammitglied im Außendienst ist daran interessiert, dass sein Kollege im Innendienst rasch, präzise, verkaufs-

fördernd und kundenpflegend arbeitet. Nur so kann das Team mehr verkaufen!

- Nur wenn alle Mitglieder des „Miniteams" einwandfrei kooperieren, am gleichen Strang ziehen und aufeinander ein aufmerksames Auge haben, können sie erfolgreich Geld verdienen. Die Erfahrung hat gezeigt, dass Führungskräfte nur noch unterstützend eingreifen brauchen.
- Ein Kunde fühlt sich optimal versorgt, wenn er alle Menschen möglichst persönlich kennt, mit denen er es im Verlauf eines Produktkaufes (einer Produkteinrichtung) zu tun hat.

Ich kenne ein Unternehmen, das elektronische Bauteile verkauft. In ihm sind sogar die Servicemitarbeiter, die die Geräte montieren und später reparieren, mit in die Teams eingebunden. Auch diese Variante funktioniert seit langem erfolgreich. Abgesehen davon, dass der Umsatz steigt, reduziert sich die Fehlerhäufigkeit gewaltig. Denn Fehler des Einzelnen gehen viel deutlicher zulasten aller im Team, als es bei größeren Teams unternehmensweit merkbar und kontrollierbar wäre.

Werben Sie durch Ihre Mitarbeiter!

Dieser Tipp ist nur scheinbar eine Nebensache. Statten Sie alle (!) Ihre Mitarbeiter mit nett aufgemachten Visitenkarten aus. Alle im Unternehmen! Auch Mitarbeiter in Bereichen, die nie Kundenkontakt haben. Diese Karten gibt es auf Wunsch in drei Varianten: einseitig mit der Firmenadresse, doppelseitig mit Firmen und Privatadresse oder (!) mit Firmenwerbung auf einer und der Privatadresse auf der anderen Seite.

Sie werden erstaunt sein, wie gerne Ihre Mitarbeiter die letztgenannten Karten einsetzen. Tun sie dies nicht, so sollten Sie sich Sorgen um Ihre Unternehmenskultur und Ihren persönlichen Rückhalt bei Ihren Mitarbeitern machen. Wann immer jemand seine Karte weiterreicht, wird er auf sein Unternehmen und dessen Produkte angesprochen. Von diesem Moment an vervielfältigen Sie den Streubereich Ihrer Imagewerbung.

Schaffen Sie das Kontrollieren ab!

Vertrauen Sie mehr Ihren Mitarbeitern. Sie werden selten enttäuscht werden! Die wenigen „Ausreißer in der Statistik" rechtfertigen kein Misstrauen gegen all die anderen. Überprüfen Sie deshalb, ob folgende Kontrollen wirklich Sinn machen, oder ob ihre Abschaffung nicht ein motivierender Vertrauensbeweis sein könnte:

- Kernzeiten, Gleitzeiten, Gezeiten …
  Arbeitszeiten mit Unterschriften, Stechuhren oder Registrierkarten kontrollieren. Wozu das Ganze? Weil Ihre Mitarbeiter Sie sonst permanent betrügen? Dann haben Sie die falschen Leute eingestellt. So gesehen ist es also eher Ihre Schuld! Warum müssen Führungskräfte ab einem bestimmten Bereich nicht „stechen"? Sind die ehrlicher? Wohl kaum! Da habe ich ganz andere Erfahrungen. Abwesenheiten bei Führungskräften oder bei Mitarbeitern im Außendienst fallen weniger auf!
  Legen Sie – je nach Arbeitsbereich – Kernarbeitszeiten fest, damit Telefone abgehoben, Produktionsteams arbeiten und Besprechungen durchgeführt werden können. Alle anderen sollten weitestgehend Freiheit genießen. Wache und kommunikativ arbeitende Führungskräfte vermögen Teams auch ohne Anwesenheitskontrollen erfolgreich zu steuern. Und wenn es doch einmal schwarze Schafe geben sollte, die schlicht Privilegien unangemessen ausnutzen? In einem Großraumbüro habe ich zwei Tage lang ein Schild mit fol-

gender Aufschrift aufgehängt: „Hier arbeitet ein hervorragendes Team! Hier betrügt keiner den anderen! Auch nicht um Arbeitszeit und um seine Leistung. Wer diese Spielregeln nicht anzuerkennen bereit ist, der passt nicht zum Team." Das Problem regelte sich in kurzer Zeit zur Zufriedenheit aller – ohne dass die damit gemeinten Personen angesprochen wurden …

Ein anderes Beispiel: Die um drei Uhr Nachmittag schmunzelnd gesprochenen, aber durchaus ernst gemeinten Sätze eines Managers zu einem Mitarbeiter „Sie haben heute wirklich genug getan. Ab nach Hause – wenn ich Sie in zehn Minuten hier noch sehe, gibt's Ärger. Ich möchte topfitte und nicht ausgepowerte Kollegen an meiner Seite!" haben auch eine äußerst verblüffende Wirkung. Jetzt höre ich jedoch das Argument: „Aber wie wollen Sie dann für den Mitarbeiter die durch Stechuhren festgelegte Arbeitszeit ausgleichen?" Natürlich gibt es da Sondervermerke, welche die jeweilige Führungskraft vornehmen muss. Aber all dies ist ausgesprochen kontraproduktiv und dient nur der Entmündigung und der Besänftigung des Misstrauens gegenüber Kollegen, nicht wahr?

• Anwesenheitskontrollen – gearbeitet wird im Büro!
Gestatten Sie die Freiheit, dort zu arbeiten, wo es am meisten Spaß macht! Sicher geht das nicht in allen Bereichen im Unternehmen. Aber warum soll sich ein Marketingmann nicht mit seinen Kollegen zu einer Besprechung im Sommer draußen in den Park setzen? Es gibt Firmen mit wunderschönen Gartenanlagen. Nur Mitarbeiter haben dort arbeitend nichts zu suchen – außer dem Gärtner …
Besuchen Sie im Urlaub einmal amerikanische Unternehmen, die viele Kreative beschäftigen. Dort arbeitet man auch im Park und diskutiert im unternehmenseigenen Schwimmbecken.

- Zu spät kommen – Zu früh gehen

  Manche Menschen sind nachts am Kreativsten. Nur – da dürfen Sie nicht im Sinne des Unternehmens kreativ sein, da sie sonst in ihrer – weniger kreativen Zeit – nicht im Unternehmen wären.

  Fließbänder, viele Arbeitsplätze mit Kundenkontakt, an Zeit und Ort gebundene Arbeitspositionen (z. B. Lager, Kantinen und andere), sie alle können leider kaum von diesen Möglichkeiten profitieren. Aber müssen deswegen alle anderen auch darauf verzichten?

- Bitte kein Kaffeeplausch innerhalb der Dienstzeit!

  Auch so ein Unsinn. Es gibt Dutzende Untersuchungen, die zeigen, dass die Unterhaltungen auf dem Büroflur, auf der Schreibtischkante sitzend oder „im Vorbeigehen" Kommunikationswege verkürzen, Missverständnisse aus dem Weg räumen und das Arbeitsklima verbessern, beziehungsweise konservieren.

- Wann ist ein Mitarbeiter krank?

  Dann, wenn es irgendein Arzt diagnostiziert? Dann, wenn der Mitarbeiter keine Stimme mehr hat oder am Arbeitsplatz schweißgebadet zusammensackt, oder dann, wenn Ihr Mitarbeiter selbst sagt, dass er jetzt lieber im Krankenbett läge?

  Hier tritt besonders das Misstrauen gegenüber dem Arbeitnehmer zutage. Der Herr oder die Dame im Büro könnten ja einmal einen Tag zu Hause verbringen, obwohl sie eigentlich noch gar nicht richtig krank sind! Also verlangt man von ihnen, dass sie sich drei Stunden in eine mit Grippekranken überfüllte Arztpraxis setzen, um nach meist flüchtiger Untersuchung ein Stück Papier zu erhalten, das „beweist", dass man wirklich krank ist. Als wenn ein Arzt in den drei Minuten feststellen könnte, was wirklich Sache ist ...

Krankheitstage werden gezählt und als Argument für Karrierebremsen verwendet. Deshalb bleiben die Mitarbeiter im Büro. Bazillen versprühend und langsam auf den Kollaps zulaufend. Dass sie dabei unter Umständen zahlreiche Kollegen anstecken und im Unternehmen eine kontraproduktive und umsatzschädigende Krankheitswelle auslösen – dass sie so früher oder später wirklich (länger und damit wirkungsvoller) krank sein werden, wird nicht bedacht.

Hohe krankheitsbedingte Ausfallzeiten sind in den meisten Fällen entweder durch extreme Arbeitsbedingungen oder durch ein saumäßiges Arbeitsklima begründet. Die stille Resignation mithilfe des passiven Widerstandes des Krankseins kommt öfter vor! Nur wird diese Form des Widerstandes gegen Zermotivierung viel seltener und vor allem auch viel später (oft beinahe zu spät) bemerkt.

Bevor Sie als Führungskraft anfangen, irgendwelche „Korrekturgespräche" (diese schauerliche Empfehlung gibt es tatsächlich) mit Wiedergenesenen zu führen, sollten Sie erst einmal feststellen, warum Ihre Mitarbeiter so oft krank sind. Wenn Sie den Hebel da ansetzen (z. B. über eine mehr oder weniger anonyme Mitarbeiterbefragung), sparen Sie viel Geld und schlagen mehrere Fliegen mit einer Klappe.

Vor gar nicht so langer Zeit gab es in einem deutschen Unternehmen einen interessanten Versuch. Zwei Werkmeister hatten in ihren Bereichen (bei exakt gleichen Arbeitsbedingungen) völlig unterschiedliche Krankheitsquoten. Bei dem einen war das Team am Fließband fast ohne Ausfalltage im Einsatz. Bei dem anderen lag die Quote weit über der anderer Arbeitsbereiche. Man ließ nun unter dem Vorwand eines Versuches von „Job-Rotation" die beiden Werkmeister ihre Arbeitsplätze tauschen. Was die dort experimentierenden Berater schon geahnt hatte, traf bereits nach zwei Quartalen ein: Mit den Werkmeistern hatten auch die Krankheitsquoten die Bereiche getauscht …

Noch einmal: Nur, weil es einige wenige schwarze Schafe in den Teams gibt, sollten all die weißen nicht zermotiviert werden!

Musik auf allen Gängen – auf zum Frühstück!

Nach dem vorhergehenden, etwas umfangreicheren Teil, wieder ein paar kleinere Tipps, welche helfen können, die Stimmung im Unternehmen (im Arbeitsbereich) so zu gestalten, dass Arbeiten Freude macht.

Mit die wichtigsten Minuten im Arbeitstag sind die ersten sechzig. Ist draußen das Wetter schlecht, findet man keinen passenden Parkplatz, ist der Pförtner mürrisch und trifft man auf Bürogänge, die nach „Dienst" riechen, so fängt der Tag schon leicht schwerfällig an. Deshalb haben meine Mitarbeiterinnen und ich im Rahmen eines Projektes für die Mitarbeiter unseres Kunden auf den Gängen morgens nicht nur dezent luftig-leichte Musik eingespielt. Wir haben kleine Tische vorbereitet, auf denen heißer Kaffee, Obst und Kekse zu finden waren. Die Idee dazu kam von einer älteren Dame aus der Registratur.

Die Wirkung war verblüffend und derart positiv, dass unser Kunde das Ganze nach der nächsten Mitarbeiterbefragung zwei Monate später auf Dauer einrichtete. So gut wie alle Mitarbeiter sind seither merklich besser gelaunt, wenn sie an ihren Schreibtisch treten. Wichtiger Informationsaustausch findet nicht mehr über endlose E-Mails, sondern bei einer Tasse Kaffee statt. Die Zeit, welche dadurch scheinbar verloren geht (ca. zwanzig Minuten), wird problemlos durch emotionell engagierteres Arbeiten kompensiert.

Die Kosten für diesen flotten Einstieg in den Arbeitstag stehen ebenfalls in keiner Relation zu den nachhaltigen Erfolgen im – für Motivation und Umsatz so entscheidenden – Arbeits-klima.

Sehr geehrter Frau Ernst Meier

… oder die Freiheit, Briefe selbst formulieren zu dürfen.
Unfreundlich oder zu stur formulierte Briefe generieren ebenso unfreundliche und sture Antworten, wie Unterschriften, aus denen nicht zu ersehen ist, ob der Absender weiblich oder männlich ist.

Erst vor Kurzem haben wir alle Standardbriefe eines Kunden einmal Graf von Kageneck, einem hervorragenden Texter mit dem Hang zum Schmunzeln, zur Modifizierung vorgelegt. Er schreibt selbst Stellungnahmen zu Reklamationen derart wunderbar um, dass Beschwerdeführer den Verursacher lachend um Entschuldigung für den harten Ton in ihrer Beschwerde bitten.

Was uns hier interessieren sollte, ist weniger der verkaufsfördernde Effekt netter Briefe als die Auswirkungen auf die Motivation Ihrer Mitarbeiter. Es ist erstaunlich, wie wenig Entscheidungsfreiheit manche Firmen ihren Mitarbeitern einräumen. Einerseits arbeiten dort Damen und Herren als Sachbearbeiter mit manchmal ziemlich umfassenden Aufgaben. Andererseits traut man diesen Menschen nicht zu, nette Briefe zu schreiben und sich so die Kommunikation mit anderen zu erleichtern.

Höfliche und kommunikative Briefe zu schreiben kann man rasch lernen. Man kann auch Standardbriefe so entwerfen lassen, dass individuelle (persönliche) Änderungen nicht nur gestattet werden, sondern sogar erwünscht sein können. Mitarbeiter werden sich dann bald nicht mehr hinter irgendwelchen bürokratischen Formulierungen verstecken, sondern (nach kleinen, Mut machenden Seminaren) selbst einen Briefstil entwickeln, der persönlich, sympathisch und verbindlich ist. Dass dabei unter Umständen bestimmte, juristisch oder gesetzlich nötige Aussagen wortgetreu und unverändert in den Schreiben enthalten sein müssen, tut der Sache keinen Abbruch. Schließlich muss mit der Beachtung der Rechtsgültigkeit einer Auftragsbestätigung oder einer Rechnung ja nicht gleich die Sympathie in der Schublade gelassen werden. Sympathische Briefe aber generieren sympathische Antworten. Nette Antworten wiederum heben die Stimmung – in Ihrem Unternehmen wie in dem des Kunden! Womit wir wieder beim Thema wären …

Computerspiele? Aber ja!

Ich kenne einen Personalchef und Personalentwickler eines sehr erfolgreichen Unternehmens, der permanent auf der Suche nach kleinen, aber wirkungsvollen Motivationssteinchen ist, welche die tägliche Arbeit abwechslungsreicher machen. Dazu gehört auch seine Idee, mehr aus dem manchmal ungeliebten Medium E-Mail zu machen.
Elektronische Post im Computer ist ist ein wahres Terrorinstrument. Zudem birgt sie auch das Risiko der Wort- und Kontaktlosigkeit. Ein großer Teil der Post wird geschrieben, um sich selbst irgendwie vor Entscheidungen zu drücken oder um Informationen weiterzugeben, die nur von einem Bruchteil der Empfänger wirklich gelesen werden. Letzteres liegt in der unseligen Eigenschaft der E-Mail-Programme, ein und dasselbe Schreiben durch Knopfdruck gleich an Hunderte von Empfängern versenden zu können. Man sollte einfach ein paar Umständlichkeiten in die Software einbauen, dann würde sich dieses Problem von selber lösen.
Wenn aber schon jeder mehrmals pro Tag sein elektronisches Postfach öffnet – warum dann nicht dieses Medium anderweitig wirkungsvoll nutzen? Ich habe diese Idee aufgegriffen und in den Büroetagen eines meiner Kunden pro-

beweise umgesetzt. Der Erfolg ließ nicht lange auf sich warten.

Was man über E-Mail für Aufgaben stellen kann? Nun, man kann zum Beispiel jeden Morgen knifflige Rätselfragen stellen. Wer die Frage als Erster beantwortet, darf sich im Personalbüro eine Flasche Champagner abholen. Das Rätsel des Tages kann auch eine anderweitige Aufgabenstellung sein. Zum Beispiel die Suche nach einem Lösungsvorschlag für ein allgemeines Problem. Eine „Mini-Jury" bewertet die Vorschläge. Der Urheber der besten Lösung erhält einen kleinen Preis.

Etwa neunzig Prozent aller am Schreibtisch sitzenden Mitarbeiter verbringen die ersten zwanzig Minuten des Arbeitstages mit einer Tasse Kaffee. Warum also nicht – so es kein Frühstück auf dem Gang gibt – sich mit dem Rätsel des Tages beschäftigen, dessen Lösung manchmal sogar unternehmensbezogen hilfreich sein kann?

Tragen Ihre Mitarbeiter Namensschilder?

Wenn „nein" – dann sollten Sie überlegen, ob Sie nicht welche einführen. Halt – nicht schon wieder den Kopf schütteln! Natürlich machen Schilder wenig Sinn, wenn Ihre Firma mit zehn Mitarbeitern Telefonmarketing betreibt. Aber dieses Buch lesen auch andere. Und vielleicht wechseln Sie ja irgendwann in ein Unternehmen, in dem Sie auf diesen Tipp zurückgreifen werden.

Namensschilder helfen nicht nur dem Kunden. Sie verbessern und erleichtern in größeren Unternehmen auch die interne Kommunikation erheblich. Allerdings sollten Sie bei der Einführung von Namensschildern einige Spielregeln beachten.

- Schilder müssen nicht Schilder sein. Firmenausweise mit entsprechend groß geschriebenen Namen, mittels Klammer befestigt, sind eher besser, denn sie schlagen zwei Fliegen mit einer Klappe.

- Auch wenn man in Ihrem Unternehmen nicht den lobenswerten Weg geht, sich beim Vornamen anzusprechen (man kann dabei ruhig beim „Sie" bleiben!): Schreiben Sie die Vornamen auf den Schildern oder Ausweisen so groß, dass man sie aus einem Meter Entfernung gut lesen kann. Der Familienname kann ruhig kleiner geschrieben werden.

- Vermeiden Sie auf Namensschildern die Geschlechtsbezeichnungen. Dass „Frau Meier" eine „Frau" ist, dürfte relativ leicht auch so zu erkennen sein. Und das „Fräulein" ist schon lange aus unserem Sprachschatz verschwunden.

- In Hotelbereichen oder in anderen Unternehmen mit ähnlich hohem internationalen Kundendurchlauf, z. B. Fluggesellschaften oder Kongresszentren, vereinfachen Namensschilder mit groß geschriebenem Vornamen – oder besser – nur mit Vornamen die Kommunikation enorm. Für einen Japaner sind Doppelnamen wie „Redemeier-Woprschalek" auf dem Schild einer deutschen Stewardess eventuell ein Grund, die Fluggesellschaft zu wechseln. „Monika" oder „Barbara" jedoch wird er trotz der vielen „R's" verstehen und aussprechen können.

Lachen Sie nicht! Seit immer mehr bezaubernde Polinnen Deutsche heiraten, bekommen auch wir immer öfter mit Namen wie „Grazyna Schulze-Mikolajecezcyk" diesbezüglich Probleme.

Ich habe dieses Thema mit deutschen Stewardessen diskutiert. Das Gegenargument war, dass man (so nur der Vorname auf den Schildern stehen würde) permanent mit „Du" angeredet und unsittlich angemacht würde. Seltsam dabei ist nur, dass der Rest der Welt damit keine Probleme hat. Liegt es am mangelnden Selbstbewusstsein der Damen oder an der anscheinend weltweit plumpen Einzigartigkeit deutscher Männer? Spricht es nicht eher für das kommunikative Defizit, dass Deutschland so oft das internationale Leben schwer macht. Oder ist es einfach die intern praktizierte Kommunikationskultur des Unternehmens, die ein derartig freundliches „Aufeinanderzugehen" oft verständnislos betrachtet.

Sie werden sich jetzt vielleicht fragen, was Namensschilder mit der Motivation von Mitarbeitern zu tun haben. Ganz einfach: Sie sind ein Baustein, der hilft, Menschen einfacher aufeinander zugehen zu lassen. Dies ist jedoch die Voraussetzung, um in einem Unternehmen ein Klima entstehen zu lassen, in dem man gerne arbeitet und immerhin 80 Prozent seiner wachen Zeit verbringt.

Wir haben mehrfach Namensschilder eingeführt. Oft waren sie mit Identitätsausweisen kombiniert, die auch Magnettüren öffneten. Anfänglich zögerten viele, die Ausweise offen und gut lesbar zu tragen. Dem begegneten wir schlicht durch Zwang. Schon nach kurzer Zeit hatten sich alle Mitarbeiter an diese neue Sitte gewöhnt, die für Amerikaner zum täglichen Brot gehört. Auf das Kommunikationsklima haben sich die Ausweise in jedem Fall förderlich ausgewirkt. Man spricht auch unbekannte Kollegen jetzt sofort mit Namen an, verwendet sie in den Sätzen öfter und geht auch immer mehr zu der Kombination „Vorname – Sie" über, die vor allem in neuen Teams hilfreich ist.

Schlechte Laune
darf kommuniziert werden

Nicht alles, was aus den USA zu uns kommt, ist gut. Eine der dort praktizierten Seltsamkeiten ist, dass Zähne zeigen beim Lächeln als freundlich gilt. Der Lächler kann insgeheim

Sabotagepläne schmieden oder eben seine Schwiegermutter umgebracht haben. Hauptsache er lächelt zähnezeigend. Solange er dies tut, gilt er als „very friendly". Egal wie schlecht er drauf ist. Manchmal artet dieses Verhalten in echte Komik aus. Aber diese so extrem stark vereinfachte Startkommunikation ist auch eine Art Schutzmechanismus. Wer lächelt, dem tut man weniger weh. Bei Primaten bedeutet extremes „Grinsen" übrigens massive Angst …

Deutsche Mitarbeiter im Servicebereich können so freundlich sein, wie sie wollen. Wenn sie gegenüber Amerikanern keine Zähne dabei zeigen, werden sie als „not very friendly" betrachtet. Man muss das verstehen lernen. Wir zeigen in unserer Mimik schlechte Laune deutlicher als die Menschen in Nordamerika.

Auch innerhalb Europas gibt es unterschiedlichste Arten, Stimmungen nonverbal auszudrücken. Vielfach führt dies zu Missverständnissen. Je südlicher wir kommen, desto heftiger werden die optischen Gefühlsäußerungen. Manchmal spielt der ganze Körper mit. Das macht schlank! Binden Sie Süditalienern die Arme an den Körper und sie werden stumm wie Fische! Wir Nordlichter aber können diese Zeichensprache sowieso kaum lesen. Der Grund dafür ist in der Tatsache zu finden, dass wir über unsere Landesnachbarn viel zu wenig wissen. Am Arbeitsplatz kennt man seine Kollegen meist etwas besser und vermag sie einzustufen. Trotzdem wird man manchmal durch unwirsche Reaktionen überrascht. Höflichkeit (?) verbietet es dann, weiter nachzuhaken und zu versuchen, eventuelles Missverstehen zu eliminieren.

Wer einen meiner Vorträge gehört oder mein Buch „Keiner versteht mich" (Walhalla Fachverlag ISBN 978-3-8029-3982-2) gelesen hat, kennt das von mir und meinen Mitarbeiterinnen geschulte Kommunikationsschema „Spontankommunikation". Die darin vermittelten Mechanismen ermöglichen es schon nach wenigen Stunden, trotz eigenem Stress erfolgreich auch mit schwierigen Menschen gut umgehen zu können. Hauptbestandteil dieses Denkschemas sind rote und grüne Kommunikationschips. In den zahlreichen Firmen, die dieses Schema unternehmensweit etabliert haben und pflegen, achtet man sehr darauf, dass der Chipstand offen kommuniziert wird.

Da Sie wahrscheinlich (leider) noch nicht mit Spontankommunikation zu tun haben, sagt Ihnen das alles wenig. Es heißt aber nichts anderes, als dass Sie Ihre schlechte Laune anderen kundtun müssen, damit diese damit vernünftig umgehen können. Jeder Mensch hat das Recht auf eine Krise und auch auf schlechte Laune. Weiß man, dass der Kommunikationspartner im Moment nicht gerade optimale Laune besitzt, einen dicken Kopf, Grippe, eine Scheidung oder sonst etwas negativ Wirkendes im Hinterkopf hat, so wird sein Verhalten schlagartig verständlicher und kalkulierbarer.

Bedauerlicherweise gilt es hierzulande oft als Schwäche, schlechte Laune oder seelische Tiefs zuzugeben. Genau dies aber ist wichtig, wenn man möchte, dass Menschen offen und freundlich miteinander umgehen. Sprechen wir zum Beispiel einen schlecht gelaunten Menschen an und erhalten von ihm eine barsche, negative Reaktion, so ruft dies bei uns Unverständnis und eine pauschale Verurteilung hervor. Je nach eigener Stimmungslage läuft bei uns ein Film ab, der sich zwischen „hoppla, was hat der denn?" und „mit mir so nicht!" bewegt. Es dauert dann meistens nur noch Sekunden bis zu einer Kettenreaktion von weiteren falschen Signalen. Findet der schlecht gelaunte Mensch jedoch einen Weg, seine schlechte Laune schon zu Beginn der Kommunikation dem anderen kurz und bündig mitzuteilen, so kann sich der Kollege innerlich darauf einstellen. In den meisten Fällen wird er das Thema auf den Grund der schlechten Laune lenken und so zu einer Stimmungsverbesserung beitragen.

Wir übergeben den Mitarbeitern unserer Kunden kleine Anzeigen aus Karton, die man entweder auf den Schreibtisch stellen oder im Raum aufhängen kann. Sie haben kleine Zeiger, die den „Kontostand" der unterschiedlichen Chips (und somit die Gemütsverfassung des Betroffenen) aufzeigen. Erfahrungsgemäß werden die Blicke nach Betreten eines Büros dann sofort erst einmal auf dieses kleine Anzeigegerät gelenkt. Egal ob ein begrüßenswertes „Hoch" oder ein erschreckendes „Tief" angezeigt werden: Immer werden dadurch von beiden Kommunikationspartnern die ersten Sätze zur Abgleichung der Kommunikation benützt. Gespräche finden so ausgeglichener und konstruktiver statt. Zermotivierung wird eingeschränkt.

Wähle Deine Führungskraft selbst!

Dies ist eine mehr als ungewöhnliche Empfehlung. Vor etwas mehr als einem Jahr wagte ein Manager eines deutschen Konzerns einen interessanten Versuch. Viele erklärten ihn für verrückt, nur wenige standen hinter ihm. Und doch war dieser Versuch so erfolgreich, dass die Idee inzwischen Schule zu machen beginnt.

Die folgende Situation erforderte eine Entscheidung: In einem bestimmten Unternehmensbereich war abzusehen, dass der amtierende Leiter bald in den Ruhestand gehen würde. Dies brachte seinen Vorgesetzten zu einer interessanten Überlegung: Normalerweise wird eine derartige Position offiziell ausgeschrieben. Wochenlang hängt dann irgendeine mehr oder weniger zutreffende – oft auch schon vorab maßgeschneiderte – Arbeitsplatzbeschreibung an den Pinnwänden in der Kantine. Mitarbeiter, die sich eine Chance ausrechnen, bewerben sich mithilfe vorgefertigter Bewerbungsbogen. Die eingereichten Bewerbungen werden dann von einem – mehr oder weniger kundigen – Fachgremium so lange „zersortiert", bis zwei oder drei Bewerber übrig bleiben. Dabei wird weitgehend nach Kriterien entschieden, die mit der angestrebten Position nur am Rande zu tun haben: Betriebszugehörigkeit, bisherige Karriere im Unternehmen, Alter, Image und Reputation. Eventuell werden die drei Bewerber noch in einen Kreislauf von Tests und Arbeitskreisen eingeladen, in denen sie in Planspielen beweisen sollen, dass sie imstande sind, die neue Aufgabe zu erfüllen. Ob die Bewerber hinsichtlich ihrer Führungskommunikation ausreichende Fähigkeiten besitzen, kann kaum überprüft werden. Denn diesbezügliche Mängel ließen sich nur im täglichen Arbeitsablauf feststellen.

Unser Topmanager hatte eine andere Idee: Was in einer Demokratie funktioniert (funktionieren sollte), müsste doch auch in einem Unternehmen möglich sein. Er forderte deshalb alle Mitarbeiter des betroffenen Bereiches auf, sich zu überlegen, ob sie nicht ihren neuen Chef selbst – aus ihren eigenen Reihen heraus – wählen wollten. Die Idee wurde begeistert aufgenommen, ein Wahltermin bestimmt und ein Prozedere festgelegt, das den „Wahlkampf" in Grenzen halten sollte.

Ich weiß, dass Sie jetzt ungläubig den Kopf schütteln. Fast alle – außer dem entschlossenen Manager taten dies – mich eingeschlossen. Der mir sehr sympathische Schweizer Querdenker Hans A. Pestalozzi definierte vor einigen Jahren Demokratie als „die Wahl zwischen Pest und Cholera, nach der man versuchen muss, die jeweils gewählte Krankheit zu überleben". In dem von mir hier geschilderten Fall zeigte sich bald, dass sich in dem nun stattfindenden „Wahlkampf" zwei Hauptkandidaten herauskristallisierten. Der eine (männlich) hatte eine feste Lobby unter den Kollegen. Sein Wahlkampfstil war sehr emotionell geprägt. Die Mitbewerberin pflegte einen sehr stilvollen – wenn nicht leicht distanzierten (aber nicht unkollegialen) Umgang. Beide Kandidaten hatten schon während des Wahlkampfes selbstständig vereinbart, dass der jeweilige Gewinner den Verlierer als Stellvertreter einsetzen würde. Daneben gab es noch eine Reihe weiterer Bewerber, deren wahrscheinliche Niederlage sich jedoch sehr früh abzeichnete.

Das Erstaunliche an diesem Wahlkampf war: Es ging kaum Arbeitszeit verloren, der Arbeitsfrieden wurde nicht gestört und – das ist die wichtigste Erkenntnis – es bewarben sich nur Mitarbeiter, denen auch Fachleute ohne Weiteres die Führung des Bereiches zugetraut hätten.

Am Wahltag herrschte Partystimmung. Die junge Dame gewann mit eindeutigem Vorsprung, wobei auch die männlichen Kollegen offensichtlich für sie stimmten. Bis heute erledigt sie ihre Arbeit mit einer erfolgreichen Präzision und Führungskommunikation, die im restlichen Unternehmen relativ selten anzutreffen ist ...

Sprechen Sie KLARTEXT!

Einige der zermotivierendsten Faktoren sind unklare Aussagen, zu diplomatisch formulierte Statements und offensichtliche Gefälligkeitskommentare oder erkennbar falsche Versprechen.

In meiner langjährigen Praxis habe ich immer wieder die Erfahrung gemacht, dass klare Sätze und unmissverständliche Aussagen wesentlich mehr Verständnis erhalten. Selbst Aussagen, die sehr negativ stimmen, schaden weniger als diplomatische Verbiegungen, die möglichst nicht wehtun sollen. Manchmal habe ich den Eindruck, dass Führungskräfte nur deshalb so um den heißen Brei herumreden, damit sie die Flucht aus dem Tagungsraum ergreifen können, bis die Mitarbeiter in ihrem Bemühen, den Sinn der Ausführungen zu entschlüsseln, zu Ende gedacht haben. Der verstorbene Franz Josef Strauß war ein Meister dieser Sprachtechnik. Zahlreiche Politiker verfahren nach einem ähnlichen Muster. Eine weitgehend zermotivierte Bevölkerung ist das Resultat.

Wie extrem man in ernsten Fällen werden muss – und wie viel Erfolg man mit deutlichen Worten haben kann, möchte ich Ihnen an dem folgenden Beispiel aufzeigen: Vor einiger Zeit hatte ich den Auftrag, in einem deutschen Unternehmen Hilfe zu leisten. Nach massiven Umstrukturierungen und Managementfehlern hatte die Außendienstmannschaft „auf stur geschaltet" und ihre Tätigkeit auf ein Mindestmaß reduziert. Das Unternehmen war knapp an der Konkursgrenze. Dies aber störte die Verkäufer wenig, da sie vertraglich unkündbar und mit unglaublich hohen (provisionsfreien!) Gehältern ausgestattet waren. Schon in meiner Antrittsrede spürte ich, dass mich keiner der etwa 70 Anwesenden richtig ernst nahm. „Schon wieder so einer, der uns was von Motivation und mehr Einsatz erzählt!" hat sich wohl so mancher im Saal gedacht.

Deshalb habe ich zwei Wochen später die Herren – zusammen mit ihren Partnerinnen (!) – noch einmal zu einer Versammlung gebeten. Meine erste Folie, die ich einige Sekunden kommentarlos wirken ließ, zeigte ein, ins Publikum gestrecktes, nacktes Hinterteil. „Meine Herren, da hinein können Sie Ihre unkündbaren Verträge platzieren, wenn wir es in den nächsten zwei Quartalen nicht gemeinsam schaffen, die Verkaufszahlen deutlich zu erhöhen. Denn wenn uns das nicht gelingt, werden uns die Banken alle weiteren Entscheidungen abnehmen."

Eine atemlose Stille war die Reaktion auf diese Folie, der ich sofort eine zweite folgen ließ. Auf ihr waren links alle siebzig Namen aufgeführt. In der Mitte waren die momentanen Gehälter und auf der rechten Seite die Beträge zu lesen, die vom Arbeitsamt nach einem Konkurs an die dann Arbeitslosen gezahlt werden würden. Direkt danach läutete ich eine zwanzigminütige Pause ein, in der ich die Verkäufer mit ihren Partnerinnen diskutieren ließ. Kurz danach bat ich die Verkäufer zu einer Abstimmung. Per Handzeichen sollten all diejenigen zustimmen, die nun gewillt waren, mit mir zusammen während der nächsten Monate die Worte Arbeitszeit, Wochenende und Müdigkeit zu vergessen. Einstimmige Zustimmung war die Folge. Alles ist einige Monate her. Inzwischen haben wir das Gröbste geschafft.

Personen- und Sachregister